中国建筑遗产保护基础理论

高校建筑类专业参考书系

The reference book series for the major of architecture in universities

林 源 著

中国建筑工业出版社

图书在版编目（CIP）数据

中国建筑遗产保护基础理论／林源著．—北京：中国建筑工业出版社，2011.12（2023.2重印）
（高校建筑类专业参考书系）
ISBN 978-7-112-13871-5

Ⅰ．①中···　Ⅱ．①林···　Ⅲ．①建筑－文化遗产－保护－研究－中国　Ⅳ．①TU-87

中国版本图书馆CIP数据核字（2011）第258670号

本书作者详细阐述了诸多关于建筑遗产保护的基本理论，并提出了深刻的思考。全书内容包括5章：绪论，建筑遗产保护的发展历程理论与实践，建筑遗产的价值，建筑遗产保护的国家制度以及建筑遗产的保护。书中文字朴质晓畅，读来亲切真实。内容详尽，专业知识性强。

本书可供高校建筑学专业、城市规划专业、风景园林专业师生参考使用，也可作为相关领域专业人员指导参考书。

责任编辑：杨　虹　田立平
责任设计：赵明霞
责任校对：党　蕾　赵　颖

高校建筑类专业参考书系
中国建筑遗产保护基础理论
林　源　著
*
中国建筑工业出版社出版、发行（北京西郊百万庄）
各地新华书店、建筑书店经销
北京嘉泰利德公司制版
北京中科印刷有限公司印刷
*
开本：787×1092毫米　1/16　印张：10½　字数：255千字
2012年7月第一版　2023年2月第三次印刷
定价：35.00元
ISBN 978-7-112-13871-5
（21883）

FOREWORD 序言

这是一本探讨建筑遗产的保护理论与实践的专书。全面、系统而详细地阐述建筑遗产保护的诸多相关理论与实践问题，这可能是迄今出版的第一部。

我觉得，真正意义上的“文物”与“文物保护”的概念，在我国还仅是近几十年、不到百年的事情。更早时候，尤其在民国时期之前，实际上只有“古物”、“古董”的概念，主要指的是那些美术、工艺品。“古物”、“古董”的收藏和鉴赏活动，多是帝王、贵族、士大夫等少数人出于兴趣、喜好，或者商业利益的个人行为。至于建筑类，除极少的“纪念物”，大量的“老房子”、“古建筑”，其实用性之外的历史的、艺术的、技术的保存价值，还没有纳入人们的视野。

在近代中国的民国时期，建筑界、文化界的一些有识之士，如“中国营造学社”的先驱者们，才开始将“老房子”、“古建筑”，作为国家和民族的一份历史文化遗产，给予调查、记录，进行科学的整理、研究工作。

当我们将时间退回到二十世纪的二、三十年代，可以想见，他们这一辈学者当时所从事的这个学术事业，实在是需要具备深远的抱负和作为拓荒者的勇气的。

只是在新中国成立之后，“文物”与“文物保护”才开始从过去的少数人的行为，上升到国家的工作层面，并且逐步地普及到大众的认知和参与的层面。“文物”也由旧时代的个人私有成为国家的公共财富，为社会大众所共享。这无疑是一个跨越历史的发展和进步。自此，文物的保护工作，已然成为国家的文化事业的一个重要方面。并且，它与其他种种文化方面的事业一样，具有独立的性质和特定的内容。然而，对于许多人来说，做好这个新的文化“文物事业”的工作，实实在在还缺乏充分的认知和应有的经验。在相当长的时间里，可以说，还处于“摸着石头过河”，而后才逐步有了“立法”、“条例”，但在学习和实践过程中，往往还需要“条文释义”，还存在着深浅不同的解读，许多问题的认识还有待深化、细化。作为文物工作者的群体，也存在着专业知识、文化修养、实际经验的参差不齐。从总体来说，文物工作的规范化、科学化，还有许许多多的事情要做。

尤其，对于“建筑遗产”这个大型的、不可移动的、影响范围广泛的、涉及方方面面的、关联复杂的文物对象，从历史建筑到历史街区，到古村落、古城镇，在当今城乡经济、社会快速变革中，更是过去没有想到和遇到的文物保护的难题。

“文物”是一个国家、民族的物质文化遗产。其更为重要的意义在于它是一个国家、民族的“历史的标本”，承载着“历史的记忆”。尤其是建筑遗产，它不是孤立的，它是人们的活动场所，一个综合的环境。在今天，它也是一份物质文化的“资源”，可供开发利用。

诚然，在历史发展中，“一切保存”的想法和做法是不可能的，也不是“一切老的、古的东西”就都是“文物”。“建筑遗产”，如何鉴别、评价，如何科学地保护，合理地利用，是一个很大的课题。这个大课题，还不能说，今天在理论上或是实践上，已经得到完全的解决。

本书作者是一位年轻的学者。书中试图回答有关中国建筑遗产保护，诸如建筑遗产的价值、建筑遗产保护的内容、措施等一系列重要的理论与实践问题，这是需要勇气，也是难能可贵的。

对于书中论及的种种问题和观点，广大的读者不免会有不同的见解，引起不同的讨论，也是有意义的。

希望本书的出版，对于提高文物保护工作，尤其是建筑遗产的保护工作能够有所裨益。

赵立瀛
2012 年 4 月
于西安建筑科技大学

CONTENTS 目录

中国建筑遗产保护基础理论

绪论

ONE

第一章　绪论

ONE

文化遗产和自然遗产的保护，现在已经是波及世界的文化潮流，是备受各国政府、民众和各种国际及地区组织关注的文化热点。

文化遗产保护和自然遗产保护之所以成为潮流和热点，究其根本还是在于人类自身，源自于人类对文化遗产和自然遗产的需求。这种需求以前并非不存在，只是没有像现在这样突出地表现出来。这种需求映射出的是人类对于提高自身生存质量的终极渴望。所以文化遗产保护从以前的基本上是文化领域关注、讨论的问题发展到如今成为需要我们从社会意义、生活需求、文化重建、经济发展等诸多角度来深入考察、认识和研究的问题。

至于建筑遗产保护，它是文化遗产保护中的一个重要内容。建筑遗产在具备文化遗产的普遍价值和意义之外还因为与我们生存的环境有着直接、紧密的关联而更显重要。本书研究、讨论的即为建筑遗产的保护问题。

第一节　关于建筑遗产的概念

现代的“遗产”概念在20世纪下半叶发生了重大的变化，它的内涵与外延都在不断地拓展。“遗产”概念的拓展和变化直接、真实地反映了现代遗产运动的进步与发展，记录了现代遗产运动在这近半个世纪的时间内思想与观念的演进历程。联合国教科文组织提出并倡导的“世界遗产”概念和在此概念之下展开的越来越广泛的国际性的文化与自然遗产保护行动更促进了遗产概念及遗产保护观念在世界范围内的传播和普及。近年来，“遗产”概念被普遍地接受，在世界很多地方已经成为一个热门的、备受关注的社会、文化领域的“新”词汇。

近几十年来，许多国际会议的议题都涉及遗产问题，多个国际文件和许多国家的法律文件都对“遗产”概念作出了定义和阐释，这些从不同角度出发、基于不同现实问题、使用多样视点的定义和阐释在不断地充实、丰富着“遗产”概念。表1-1汇集了国际文件和一些国家的法律文件中的“遗产”定义以及其他相关概念，以便我们比较全面地理解“遗产”概念。这些定义并非标准定义，也不可能涵盖“遗产”概念的所有方面。因为这些概念、术语的定义会随着现实的发展而变化，人们对其所作的定义仅是一定历史阶段内对遗产概念的认识和理解的总结、概括，反映着遗产理论阶段性的发展水平。

一、遗产

1. 遗产包括文化遗产和自然遗产

文化遗产是人类文明进程中各种创造活动的遗留物，是历史的证据。这些遗留物包括物质的和非物质的，可移动的和不可移动的。

自然遗产是指自然界在进化和演替过程中形成的地质地貌、生物群落与物种，以及生态景观。

2. "遗产"——变化的概念

"遗产"在当下的世界是一个处在演变中的、不断拓展的词语，其内涵和外延早已超出了本义。我们应该把它理解为历史的证据，它是当今社会对历史的继承和传递，是联系过去、现在和未来的纽带。

不仅如此，"遗产"这一概念还涉及一系列的思想观念与意识，它们都是与"遗产"密切关联的。如共享意识，因为对遗产的保护、管理、使用等一切活动的目的就是为了尽可能地满足人们及其后代的需要，这是现代人权观念的体现。

还有环境观念，体现的是现代人的环境权[1]，因为人类的环境权涵盖自然、人文两个方面，"对于人类的幸福和对于享受基本人权甚至生存权利本身，都是必不可少的。"[2]文化遗产作为人文环境的一个重要的组成部分，可以为创造适宜人类生存与发展的美好环境提供必需的条件。在快速变化的现代社会中文化遗产的这一作用显得尤为突出和宝贵，"为人类保存与其相称的生活环境，使之在其中接触到大自然和先辈遗留的文明见证，这对人的平衡和发展十分重要。"[3]同时，对遗产进行保护也是人类享有的基本权利之一。

遗产还涉及文化多样性的问题。因为人类离不开文化的多样性，文化多样性是人类社会发展的必然规律和根本属性。遗产正是整个人类文化多样性的根基和源泉，是人类对于自己民族、国家的记忆和理解。各个国家、各个地区、各个民族的丰富多样的遗产，体现了世界各民族都应该得到尊重的社会观、文化观和发展观。

3. 中国的"遗产"概念

在我国，"遗产"概念除了本义之外，引申的含义是指历史上遗留下来的物质财富和精神财富，但大多数情况下是用在精神和思想层面的[4]。大概从20世纪90年代开始，随着与国际遗产界交流的增多和世界遗产各方面工作的展开，"遗产"概念与文物的关系及其在物质层面的意义逐渐被了解、被重视。各种学术论文、著作逐渐开始普遍地使用"遗产"概念，媒体也随之使用。但是长期以来对"文物"概念的习惯使用阻碍了"遗产"概念进入我国的法律文件，以《中华人民共和国文物保护法》为核心的文化遗产法律体系都使用的是"文物"一词，在实际的管理中自然也是，文物保护单位、文物部门、文物事业等名称早就被接受成为默认用法。所以，在

---

❶ 环境权是现代人权概念的一个重大的拓展。在1972年6月斯德哥尔摩的联合国人类环境会议上，国际社会首次确认了环境权是人权的基本内容之一。通过了《人类环境宣言》和《人类环境行动计划》两个文件。《人类环境宣言》指出："人类既是他的环境的创造物，又是他的环境的创造者。环境给予人以维持生存的东西，并给他提供了在智力、道德、社会和精神等方面获得发展的机会。"

❷ 《人类环境宣言》，1972年6月，斯德哥尔摩，联合国人类环境会议通过。

❸ 《关于在国家一级保护文化和自然遗产的建议》，1972年11月，巴黎，联合国教科文组织大会第十七届会议通过。

❹ 1934年胡适在美国芝加哥大学发表演讲——The Chinese Renaissance("中国的文艺复兴")时就这样使用过"遗产"一词。毛泽东也曾说过，"从孔夫子到孙中山，我们应当给以总结，承继这一份珍贵的遗产"。

ONE

我们的遗产保护领域，“遗产”概念是隐含在“文物”概念之下的。但是就内涵、外延的包容性与广度而言，“遗产”概念是大于“文物”概念的。

按照“遗产”的定义，“文物”无疑是对应于“文化遗产”概念的。2002年修订的《中华人民共和国文物保护法》（以下简称《文物保护法》）参考国际通行的“文化遗产”概念将文物分为“可移动文物”和“不可移动文物”两种基本类型，替换了1982年颁布的《文物保护法》中的“文物”和“文物保护单位”两个概念。

二、文化遗产

文化遗产根据遗产的物质属性的不同分为“物质文化遗产”和“非物质文化遗产”两个基本类型。而根据文化遗产的空间属性的不同分为“可移动文化遗产”和“不可移动文化遗产”两个基本类型[1]。

“物质文化遗产”和“非物质文化遗产”在物质属性上的不同是相对而言的，因为非物质文化遗产也需要有物质性的载体，如工具、材料、必需的场所等。其创造的成果也常常以物质的形式表现出来，或者需要物质的媒介来记录或保存。另一方面，物质文化遗产也必然蕴涵、承载着非物质文化的内容，可以是某种或多种非物质文化的物质性载体，是以物质的、有形的方式表达和体现的非物质文化。因此，“物质文化遗产”和“非物质文化遗产”的根本区别不在于物质属性，而在于是否可以再生。物质文化遗产一旦损毁，是无法再生的。而非物质文化遗产一般而言，只要其必备条件存在（指与其传承相关的人、工具、材料等），就可以不断地创造、产生并且发展，它是突破了文化遗产的物质性界限的。比如某种民间工艺，只要有掌握这种工艺的传人、有制作的原材料和工具，就可以不断制造出作品来。而一个建筑遗产，一旦毁坏倒塌，就再也无法恢复了。

“可移动”与“不可移动”的概念也是相对的。从绝对的意义上说，所有的文化遗产都是能够移动的，只要有足够的技术和相关的支持条件；而同时，所有的文化遗产都是不应该移动的，因为移动会改变它的空间属性，从而对遗产的价值造成影响。在通常的使用中，可移动文化遗产主要包括器物、艺术品、文献资料等，基本上与我国传统的“文物”概念相对应。不可移动文化遗产主要就是指建筑遗产。

三、建筑遗产

建筑遗产无疑属于文化遗产，是文化遗产中的一种类型，是物质的、不可移动的文化遗产。根据文化遗产的定义，建筑遗产就是人类文明进程中各种营造活动所创造的一切实物。具体地说，包括各种建筑物、构筑物，以及城市、村镇，以及与它们相关的环境。

建筑遗产的基本属性，是有形的、不可移动的、物质性的实体。即使这个实体并非完整无缺，发生了各种情况、各种程度的损毁，也不影响其有形的、不可移动的、物质的属性。

---

[1] 分别对应的英文是——physical cultural heritage（物质文化遗产），intangible cultural heritage（非物质文化遗产）；movable cultural heritage（可移动文化遗产），immovable cultural heritage（不可移动文化遗产）。

四、与“建筑遗产”相关的概念

1. 遗址

“遗址”[1]是一个考古学的术语。考古“遗址”与“建筑遗产”这两个概念在外延上是有交集的，属于建筑性质的考古遗址同时也是建筑遗产，具体如原始聚落遗址、原始祭祀遗址、原始住房遗址、古代城市遗址（一般多称为城址，包括城垣遗址、建筑遗址等）、古代建筑基址、古代建筑遗址等。

从建筑的角度来看，“遗址”是指物质组成内容发生了局部损毁的、丧失了原有功能的、需要进行历史考证的、不完整（形式不完整、结构不完整）的实体。损毁的程度有大有小，但总是要有物质性的内容留存下来，否则就是彻底的损毁，是消失。

根据不同的物质存留状况可以将“遗址”更为准确地区分为“基址”和“残迹”。“基址”和“残迹”的区别在于损毁程度和空间存在状态的不同。在损毁程度方面，前者要大于后者，即“基址”只能够提供一些最基本的信息（最基本的信息是指空间位置、平面布局、组成内容等，如果连这些信息都不能提供，就只能视作消失不存在了）；在空间存在状态方面，“基址”是近乎平面化的，“残迹”则能够提供一定的三维的空间结构信息。举例来说，原始聚落遗址中居住房屋的遗址多属于基址，而一座屋面塌毁的建筑物则是残迹。

2. 遗迹

“遗迹”这一名词来自于考古学，指古代人类的各种活动遗留下来的痕迹，包括遗址、墓葬、灰坑、岩画，以及其他活动痕迹。还包括与人类活动有关的某些自然景观、地质地貌等。

“遗迹”是一个宽泛的概念，“遗址”即包含在内，所以“遗迹”这一概念与“建筑遗产”在外延上也是有交集的。如遗址、墓葬都属于建筑遗产的范畴。

“遗迹”也具有不可移动的、物质的属性，也是必须有实体存在的，不论是存在于地下还是存在于地面上。如果在地下或地面上都没有任何痕迹，只能根据文献甚或口头传承的信息推测大概的位置、范围，是不能称之为“遗迹”的。

3. 遗存

“遗存”也来自于考古学，是遗物和遗迹的总称。“遗物”是可移动的遗存，“遗迹”是不可移动的遗存。“遗址”也属于“遗存”，是不可移动的遗存。仅包含有遗物或仅包含有遗迹都可以称为遗存。如一个建筑遗址，它属于某种文化的遗存，其组成内容除了房屋的遗址（遗迹）之外还出土有各种相关的器物（遗物）。如果仅有房屋的遗址而没有相关的出土器物，它仍可称为某种文化遗存；反之依然，如果某个地点仅出土有器物而未发现遗址，这个地点同样属于某种文化遗存。

各种非物质性的“遗物”也可以称为“遗存”，如原始祭祀仪式、舞蹈、音乐等都可称为文化遗存。

4. 大遗址

“大遗址”是近年来在文化遗产保护领域广泛使用的概念。它是在1997年国务院的《关于加强和改善文物工作的通知》中第一次提出的。

---

[1] 考古学上一个与“遗址”密切相关的术语是“地点”，一些发现了人类的化石、文化遗物等的地方并非是人类曾经居住过的地点，所以不能一概都称作“遗址”。为与“遗址”区别，称作“地点”更为准确、恰当。如旧石器地点、人骨化石地点等。

“大遗址”是指大型的古代文化遗址，具体包括原始聚落、古代城市、宫殿、陵墓等遗址，以及手工业、军事、交通及水利工程等的遗迹，同时包括与之相关的环境。

“大遗址”的特点首先在于范围广大，一般占地面积都在几十公顷，大到几十平方公里。如河南安阳殷墟遗址面积超过 30 公顷，河南偃师二里头遗址面积约 6 平方公里，西安汉长安城遗址面积在 40 平方公里以上；其次是价值突出，在中国的历史上占有文化、政治、经济等方面的重要地位，在当今社会具有较高的社会知名度和影响力；第三，“大遗址”在遗存的组成结构上一般比较复杂，包含多种类型的遗存，其内容十分丰富，而且呈现出来的现状景观往往都是宏伟、壮观的[1]。

5. 其他名词

在我国的遗产保护领域，经常使用的与建筑遗产相关的名词、术语有：文物建筑、历史建筑、古建筑，古城、古镇、古村落，传统村落、传统街区，历史古城、历史文化古城、历史文化名城、历史地区、历史地段、历史街区、历史文化保护区、历史环境等。这些名词、术语大多没有明确的定义和解释，它们有的是在长期的使用中产生的，有的是由我国的文物保护法律文件提出的，有的是来自对国外遗产保护文件及资料的翻译和理解。

这些名词是根据我国建筑遗产的实际状况、基于不同的依据提出并使用的。以文物建筑、历史建筑、古建筑为例——“古建筑”仅是依据建筑的产生时间来判定的，在我国这一具体的时间坐标截至 1840 年鸦片战争。一座古建筑是不是建筑遗产，关键要看它是否具有遗产应该具有的价值。“文物建筑”的依据是价值，具有价值的建筑即是文物建筑；文物建筑既可以是古建筑，也可以是近现代建筑。“历史建筑”的依据则既包含时间又包含价值，是指具有价值的又具有一定历史的建筑，可以看做是“文物建筑”与“古建筑”的交集。

所以在实际的使用当中，可以根据不同的语境需要使用这些名词，但是需要明确的是在概念上它们都不等同于“建筑遗产”，是否属于建筑遗产的某种具体的类型，还需要根据其价值情况来确定。

当前使用的主要“遗产”概念 **表 1–1**

概 念	释 义	出 处	备 注
文 物	· 具有历史、艺术、科学价值的古文化遗址、古墓葬、古建筑、石窟寺和石刻、壁画；与重大历史事件、革命运动或者著名人物有关的以及具有重要纪念意义、教育意义或者史料价值的近现代重要史迹、实物、代表性建筑； · 历史上各时代珍贵的艺术品、工艺美术品； · 历史上各时代重要的文献资料以及具有历史、艺术、科学价值的手稿和图书资料等； · 反映历史上各时代、各民族社会制度、社会生产、社会生活的代表性实物	《中华人民共和国文物保护法》	1982 年颁布，2002 年修订
文化遗产（Cultural Heritage）	以下各项为“文化遗产”： · 文物：从历史、艺术或科学的角度，具有突出的普遍价值的建筑物、雕刻和绘画，具有考古意义的部件和结构、铭文、穴居和各类文物的组合体；	《保护世界文化和自然遗产公约》，联合国教科文组织，1972 年	文物（Monumen–ts）、建筑群（Groups of buildings）、遗址（Sites）

---

[1] 大遗址保护现在是我国文化遗产保护工作的一项重点内容。国家文物局在 2000 年 11 月向国务院提交了《“大遗址”保护“十五”计划》，针对大遗址保护的现状和全国各地的实际情况，提出了在“十五”期间重点对全国的 50 处大遗址实施保护。

续表

概 念	释 义	出 处	备 注
文化遗产（Cultural Heritage）	· 建筑群：从历史、艺术或科学的角度，在建筑形式、统一性及其与环境景观的结合方面，具有突出的普遍价值的单独或相互关联的建筑群体； · 遗址：从历史、美学、人种学或人类学的角度，具有突出的普遍价值的人造工程或自然与人类结合的工程以及考古地点	《保护世界文化和自然遗产公约》，联合国教科文组织，1972 年	文物（Monuments）、建筑群（Groups of buildings）、遗址（Sites）
文化财产（Cultural Property）	· 不可移动之物体，无论宗教的或世俗的，诸如考古、历史或科学遗址、建筑或其他具有历史、科学、艺术或建筑价值的特征，包括传统建筑群、城乡建筑区内的历史住宅区以及仍以有效形式存在的早期文化的民族建筑。它既适用于地下发现的考古或历史遗存，又适用于地上现存的不可移动的遗址。文化财产一词也包括它周围的环境。 · 具有文化价值的可移动财产，包括存在于或发掘于不可移动财产中的物品，以及埋藏于地下、可能会在考古或历史遗址或其他地方发现的物品	《关于保护受到公共或私人工程危害的文化财产的建议》，联合国教科文组织，1968 年	—
古迹（Monument）	历史古迹（historic monument）的概念，不仅包含个别的建筑作品，而且包含能够见证某种文明、某种有意义的发展或历史事件的城市或乡村环境，这不仅适用于伟大的艺术作品，而且亦适用于随时光流逝而获得文化意义的过去一些较不重要的作品	《国际古迹保护与修复宪章》（《威尼斯宪章》），第二届历史古迹建筑师及技术专家国际会议，1964 年	国际文件中所使用的一个基本概念，但在中文中没有唯一性的对应译文，根据语境理解，其含义有“文物”、“古迹”之意
遗产（Heritage）	遗产是一个广义的概念，包括自然的和文化的环境，也包括景观、历史场所、遗址和建成环境，还有生物多样性、收藏品、过去以及正在进行的文化实践、知识和生活经历。它记录并表现历史发展的漫长过程，形成不同民族、宗教、本土和地区特性的要素，并且是构成现代生活的不可缺少的一部分	《国际文化旅游宪章》，国际古迹遗址理事会，1999 年	—
	自然和人共同的创造物和产品，它们以一个整体构成我们居住的空间和时间的环境。遗产是一个现实，一个社区的财富，一个丰富的可以往下传的继承物，它引起我们的认识和我们的参与	《魁北克遗产保护宪章》，国际古迹遗址理事会、加拿大法语委员会魁北克古迹遗址理事会，1982 年	—
文物古迹	指人类在历史创造或人类活动中遗留的具有价值的不可移动的实物遗存，包括地面与地下的古文化遗址、古墓葬、古建筑、石窟寺、石刻、近现代史迹及纪念建筑、由国家公布应予保护的历史文化街区（村镇），以及其中原有的附属文物	《中国文物古迹保护准则》，国际古迹遗址理事会中国国家委员会，2000 年	—
文化财	指在我国人为地、自然地形成的国家的、民族的、世界的遗产，它们具有较高的历史的、艺术的、学术的、景观的价值，包括： · 有形文化财（略）。 · 无形文化财（略）。 · 纪念物：在韩国历史、学术方面具有较高价值的寺址、古坟、城址、宫址、窑址、遗物包含层以及其他的历史遗迹；在韩国艺术或观赏方面具有较高价值的名胜地；在韩国历史或学术及景观方面具有较高价值的动物（生息地、繁殖地及迁徙地—渡来地）、植物（包括其生长的土地）、矿物、洞窟、地质、生物学的生长物及产生特殊自然环境的土地。 · 民俗资料（略）	《韩国文化财保护法》，1999 年（修订）	引自复旦大学文物与博物馆学系编《文化遗产研究集刊 2》，2001 年版，435 页，河淑花（Ha Sook Hwa）译，“韩国文化财保护法（一）”

续表

概念	释义	出处	备注
历史地区 (Historic Areas)	·"历史或传统建筑群(包括地方建筑群)"可以看成是构成城市和农村环境中的人类住区的建筑物群、结构群和包括考古学和古生物学遗址在内的空旷地面,其整体性及价值得到考古学、建筑学、史前学、美学或社会文化方面的承认。 在这些性质十分不同的"建筑群"中,可以作以下特别划分:史前遗址,历史城镇,古代城市住宅区,村庄以及单一古迹群。不言而喻,后者通常应加以妥善保存,使其完好无损。 ·"环境"可以看成是影响这些建筑群的静态或动态观感的自然背景或人工背景,或与之在空间上或在社会、经济或文化方面直接相连的背景	《关于保护历史或传统建筑群及其在现代生活中的作用的建议》(《内罗毕建议》),联合国教科文组织,1976年	—
历史城镇 (Historic Towns)	《保护历史城镇与城区宪章》涉及历史城区,不论大小,其中包括城市、城镇以及历史中心区或历史地区,也包括它们的自然的和人造的环境。除了它们的历史文献的作用之外,这些地区体现着传统的城市文化的价值	《保护历史城镇与城区宪章》(《华盛顿宪章》),国际古迹遗址理事会,1987年	—
具有文化意义的场所 (Places of Cultural Significance)	《关于有文化意义的场所保护的国际古迹遗址理事会澳大利亚宪章》适用于有文化意义的场所的各种类型,包括自然的、土生土长的和历史的、具有文化价值的场所。"场所"指用地、区域、土地、景观、建筑物或其他,建筑群或其他,也可能包括构件、体块、空间和景色。"文化意义"指对过去、现在和后代具有艺术的、历史的、科学的、社会的或精神上的价值	《关于有文化意义的场所保护的国际古迹遗址理事会澳大利亚宪章》(《巴拉宪章》),国际古迹遗址理事会,1999年	—
历史文化名城	保存文物特别丰富并且具有重大历史价值或者革命纪念意义的城市,由国务院核定公布为历史文化名城	《中华人民共和国文物保护法》(2002年修订)	—
历史文化街区、村镇	保存文物特别丰富并且具有重大历史价值或者革命纪念意义的城镇、街道、村庄,由省、自治区、直辖市人民政府核定公布为历史文化街区、村镇	《中华人民共和国文物保护法》(2002年修订)	—
古都、历史文化风土	古都是指曾经作为我国历史上的政治、文化中心地并占有重要历史地位的京都市、奈良市、镰仓市,以及以政令形式确定的其他市、町、村之类。 历史文化风土是指在我国历史上有意义的建筑物、遗迹等,与周围环境融为一体,具体体现为形成古都传统与文化的地面风貌	日本《关于古都历史文化风土保存特别措施法》(简称《古都保存法》),1966年	—
历史园林 (Historic Gardens)	·历史园林是因为历史价值和艺术价值而受到公众关注的建筑和园艺的组合(composition)。因此,它应该被认为是古迹(monument)。 ·历史园林是一个建筑的组合,它的构成要素主要是植物性的,因此是有生命的。这就意味着,它是会死亡的,也是会复苏的	《佛罗伦萨宪章》,国际古迹遗址理事会,1982年	—
建筑遗产	不仅包括具有超群品质的单个建筑物和它的环境,也包括所有具有历史和文化意义的城镇或村庄	《阿姆斯特丹宣言》,欧洲建筑遗产大会,1975年	1975年是"欧洲建筑遗产年",欧洲议会通过了《建筑遗产欧洲宪章》
考古遗产 (Archaeological Heritage)	经发掘或发现作为科学情报资料的主要来源或主要来源之一的、见证了时代和文明的所有遗存和实物或人类存在的其他任何遗迹	《保护考古遗产的欧洲公约》,欧洲议会,1969年	—
考古遗产 (Archaeological Heritage)	"考古遗产"是依据考古方法提供主要信息的物质遗产,它包括人类生存的各种遗迹,由与人类活动的各种表现有关的地点、被遗弃的建筑物、各种各样的遗迹(包括地下的和水下的遗址)以及与它们相关的各种文化遗物组成	《关于考古遗产的保护与管理宪章》,国际古迹遗址理事会,1990年	—

续表

概 念	释 义	出 处	备 注
工业遗产(Industrial Heritage)	工业遗产是指工业文明的遗存，它们具有历史的、科技的、社会的、建筑的或科学的价值。这些遗存包括建筑、机械、车间、工厂、选矿和冶炼的矿场和矿区、货栈仓库，能源生产、输送和利用的场所，运输及基础设施，以及与工业相关的社会活动场所，如住宅、宗教和教育设施等	《关于工业遗产的下塔吉尔宪章》，国际工业遗产保护联合会，2003年	—
自然遗产（Natural Heritage）	以下各项为“自然遗产”： 从美学或科学的角度，具有突出的普遍价值的由自然和生物结构或这类结构群组成的自然面貌； 从科学或保护的角度，具有突出的普遍价值的地质和自然地理结构以及明确划定的濒危动植物物种生活区； 从科学、保护或自然之美的角度，具有突出的普遍价值的天然名胜或明确划定的自然区域	《保护世界文化和自然遗产公约》，联合国教科文组织，1972年	—

资料来源：作者自制。

* 注释：本节与其他各章节引用的国际文件中文译文出处

[1]《保护世界文化和自然遗产公约》(联合国教科文组织，1972)，译文来自：中华人民共和国建设部，中国联合国教科文组织全国委员会，中华人民共和国国家文物局联合编写．中国的世界遗产[M]．北京：中国建筑工业出版社，1998．

[2]《关于保护受到公共或私人工程危害的文化财产的建议》(联合国教科文组织，1968)，译文来自：国家文物局法制处编．国际保护文化遗产法律文件选编[M]．北京：紫禁城出版社，1993．

[3]《国际古迹保护与修复宪章》(《威尼斯宪章》)(第二届历史古迹建筑师及技术专家国际会议，1964)，自译。

[4]《国际文化旅游宪章》(国际古迹遗址理事会，1999)，自译。

[5]《魁北克遗产保护宪章》(国际古迹遗址理事会、加拿大法语委员会魁北克古迹遗址理事会，1982)，译文来自：(美) J.Kirk.Irwin 著．西方古建古迹保护理念与实践（附录D）[M]．秦丽译．北京：中国电力出版社，2005．

[6]《韩国文化财保护法》(1999年修订)，译文来自：复旦大学文物与博物馆学系编．文化遗产研究集刊（第二辑）[M]．(韩) 河淑花译．上海：上海古籍出版社，2001．

[7]《关于保护历史或传统建筑群及其在现代生活中的作用的建议》(《内罗毕建议》)(联合国教科文组织，1976)，中文版文件。

[8]《保护历史城镇与城区宪章》(《华盛顿宪章》)(国际古迹遗址理事会，1987)，译文来自：国家文物局法制处编．国际保护文化遗产法律文件选编 [M]．北京：紫禁城出版社，1993．

[9]《关于有文化意义的场所保护的国际古迹遗址理事会澳大利亚宪章》(《巴拉宪章》)(国际古迹遗址理事会，1999)，自译。

[10]（日本）《关于古都历史文化风土保存特别措施法》(简称《古都保存法》，1966)，译文来自：日本观光资源保护财团编．历史文化城镇保护（附录）[M]．路秉杰译，郭博校．北京：中国建筑工业出版社，1991．

[11]《佛罗伦萨宪章》(国际古迹遗址理事会，1982)，自译。

[12]《阿姆斯特丹宣言》(欧洲建筑遗产大会，1975)，译文来自：(美) J.Kirk.Irwin 著．西方古建古迹保护理念与实践（附录E）[M]．秦丽译．北京：中国电力出版社，2005．

[13]《保护考古遗产的欧洲公约》(欧洲议会，1969)，译文来自：国家文物局法制处编．国际保护文化遗产法律文件选编 [M]．北京：紫禁城出版社，1993．

[14]《关于考古遗产的保护与管理宪章》(国际古迹遗址理事会，1990)，自译。

[15]《关于工业遗产的下塔吉尔宪章》(国际工业遗产保护联合会，2003)，自译。

[16]《武装冲突情况下保护文化财产公约》(1954年海牙公约)(联合国教科文组织，1954)，中文版文件。

[17]《关于保护景观和遗址风貌与特性的建议》(联合国教科文组织，1962)，译文来自：国家文物局法制处编．国际保护文化遗产法律文件选编 [M]．北京：紫禁城出版社，1993．

[18]《关于水下文化遗产的保护与管理宪章》(国际古迹遗址理事会，1996)，自译。
[19]《关于乡土建筑遗产的宪章》(国际古迹遗址理事会，1999)，自译。
[20]《木结构遗产保护规则》(国际古迹遗址理事会，1999)，自译。
[21]《关于亚洲的最佳保护实践的会安议定书》(《会安议定书》)(联合国教科文组织，2001)，自译。
[22]《世界文化多样性宣言》(联合国教科文组织，2001)，中文版文件。
[23]《保护非物质文化遗产公约》(联合国教科文组织，2003)，中文版文件。
[24]《保护具有历史意义的城市景观宣言》(联合国教科文组织，2005)，中文版文件。

第二节　中国的建筑遗产的类型

保存至今的中国建筑遗产的内容十分丰富❶，根据不同的分类标准可以将这些遗产划分为多种类型，以便于更为全面地了解它们的特征和属性。

一、根据建筑性质的不同分为十五种类型

1. 居住建筑遗产

这曾是存在数量最大的、最基本的建筑物类型，遍布全国各地，包含着最丰富的多样性。留存到现在的居住建筑多是古代社会后期及晚近时代的，明代之前的都已经荡然无存。虽然发掘有不少的遗址，从早期的母系氏族公社时期的穴居遗址到后期的元代合院建筑基址，还有保存完好的近现代的城市住宅，但是仍有很多历史时期的居住建筑没有留下实物信息。

2. 宗教建筑遗产

中国一直是包容多种宗教的国家，保存下来的宗教建筑遗产主要有佛寺（尼庵）、道教宫观、清真寺、教堂等。佛寺之中又包含有汉传佛寺、藏传佛寺（俗称喇嘛寺）、南传佛寺。教堂之中又分为基督教堂、天主教堂。

宗教建筑在现存的建筑遗产中数量可观，广泛地分布于城市、乡野，且时间跨度大，年代久远。如佛寺建筑中的石窟寺，虽然原有的木构建筑部分已毁，仅余洞窟，但是仍然保存了宝贵的早期建筑、特别是唐代及唐代以前的木构建筑的形象资料（图1-1)。现存最早的木构建筑物也是佛寺建筑，即始建于782年（唐德宗建中三年）的山西五台县的唐代南禅寺大殿（图1-2)，此后历朝历代都有宗教建筑的实物保存至今，包括宋、元时期的清真寺❷及近现代的天主教堂、基督教堂。这些宗教建筑既有政府主持兴建的，也有民间修建的。

图1-1　山西大同云冈石窟第九窟——仿木构窟檐
(图片来源：作者自摄)

❶ 从迄今为止公布的六批全国重点文物保护单位的名单上可以见到的建筑遗产类型有石窟寺、石刻、摩崖石刻、石祠、塔（石塔、砖塔、木塔)、经幢、石柱、阙、牌坊、寺院庙观、城垣、坛庙、祠堂、园林、民居、宫殿、观星台、藏书楼、书院、会馆、堤堰、水渠、石桥、纤道、(瓷）窑址、古遗址（考古文化遗址，古城址，建筑遗址)、墓葬，以及革命遗址、革命纪念建筑物等。

❷ 保存至今的宋代清真寺的实例仅有泉州清净寺，这也是我国现存最早的清真寺。

图 1–2 山西五台唐南禅寺大殿
（图片来源：作者自摄）

比起现存的其他类型的建筑遗产，宗教建筑能够比较完整、系统、集中地记录不同时代里的建筑做法、特征与风格，反映着这些时代的建筑文化和建筑传统。

3. 文化建筑遗产

文化建筑是指从中央政府到地方政府的各种用于文化、教育、科技活动，以及公众活动和娱乐的建筑物与场所，包括国家一级的太学、国子监，由政府或者私人创办的书院、藏书楼（阁），观象台、观星台，公众聚会及休闲的会馆、戏台、戏楼、剧场等。这类建筑遗产在城市、乡村地区都有分布。就现存数量而言，其中的有些类型还是比较多的，如戏台、戏楼、剧场，尤其在广大的农村地区还有不少的实物留存。而有的类型则已是凤毛麟角，如观象台建筑，现存的就只有河南登封的元代观星台（图 1–3）和北京明至清代的古观象台（图 1–4）两处。这些文化建筑见证的内容涉及中国历史与社会生活的诸多方面，形象地说明了古代中国文化与科学技术的发展水平。

4. 城市及景观、风水建筑遗产

这类建筑多是以独立状态存在的，属于公共建筑性质，所具备的功能和作用都具有多样性。具体包括有钟、鼓楼（报时、 望、守卫等功能，城市标志物），牌坊（划分、暗示空间区域，

图 1–3 河南登封观星台（建于元至元年间（1271 ～ 1294 年），是当时全国 27 处观测点的中心台。建筑本身就是一种测天仪器。是世界上现存最古老的天文台之一）（图片来源：作者自摄）

图 1–4 北京古观象台（始建于明正统七年（1442 年），是明、清两代的国家天文台）（图片来源：作者自摄）

创造景观，提高环境的景观质量，街区性的标志物），江山形胜之处的楼阁亭台（登临、游赏、观景、休息，创造景观，地区性的标志物或象征物）等城市建筑与景观建筑，文峰塔、魁星楼、风水塔等风水建筑。这些建筑散布在从城市到乡野的广大地区，是中国大地上与自然和谐共生的美好人文景观的不可缺少的构成要素。

ONE

5. 祭祀建筑遗产

包括古代社会里国家最高级别的太庙、太社，日、月、天、地诸坛，辟雍，从都城到地方各级城市里的文庙（兼具文化与教育功能）（图 1–5），祭祀名山大川的岳庙、镇庙、渎庙，民间祭祀各方神灵和圣人先贤的祠庙，如城隍庙、后土庙、武侯祠之类，还有除帝王之外各宗族祭祀祖先的家庙、宗祠。

祭祀建筑现存的总体数量较多，太庙、太社及天坛、地坛都只有明清两代的保存至今，文庙、城隍庙则在很多城市里都能够见到，而家庙、宗祠在聚族而居的广大乡村地区仍是较为普遍地存在的（图 1–6）。

图 1–5　北京国子监（初建于元大德十年（1306 年），为元、明、清三代全国最高学府）（图片来源：作者自摄）

图 1–6　安徽歙县棠樾村宗族祠堂敦本堂（图片来源：作者自摄）

祭祀建筑无论是在国家、政府，还是在民间、个人，均是极受重视的类型，所以大多代表了当时建筑技术的较高水平，用材与施工也都十分讲究。而地方性的祠庙、宗祠在构造做法和装饰上又往往带有鲜明的地方特色，能够比较典型地体现某一地域、某一时代的建筑特点与个性。

6. 政府建筑遗产

政府建筑是指承担政府职能的各类建筑，留存到现在的政府建筑主要是中央及各级地方政府的办公建筑，衙署，还有驿站、粮仓，以及贡院、考棚[1]等，它们是古代社会国家制度的实物阐释。这类建筑现存数量很少，其中相比之下衙署的存量多一些，早至元代，不过大多都不完整，其他几种多为晚近时期的。

7. 办公及商业建筑遗产

主要是指以近、现代建筑为主的各种公用性质的办公、商业及服务性建筑，包括邮政局、消防局、医院、药店、银行、商铺、百货公司、旅馆、饭店等。这类建筑一方面见证了中国社会的近代转变，一方面记录了现代建筑功能、现代建筑材料与技术，以及现代建筑形式在中国

[1] 此类与古代科举制度相关的建筑保存至今的数量极少，仅有南京明、清时期的江南贡院和陕西蒲城的清代考院［建于清光绪十七年（1891 年）］。

发生、发展的过程，见证了它们对中国的古典建筑体系的巨大影响和改变，见证了中国的古典建筑体系如何被现代主义建筑逐渐取代。

8．城墙及防御建筑遗产

城墙及其附属的防御建筑在古代中国是非常重要的建筑类型，在城市建设史、建筑工程技术史、军事史、艺术史等诸多方面有着重要的信息价值。作为城市产生、形成的重要标志，城墙的历史同中国古代城市的历史一样极为漫长悠久。迄今发现的最早的古城址是距今6000年前的新石器时代的，同时新石器时代还发现有与城墙同样起防御作用的壕（实例如西安半坡新石器时代聚落遗址周围的宽而深的壕沟），晚近时期如明、清两代的城墙今天还有依然耸立的。城墙的功能不仅仅是军事防御，还起到限定地域、划分空间的作用，另外一个重要的功能是抵御自然灾害的侵袭，防洪、抗风沙等，如安徽寿县古城墙（建城始于战国，现城墙重筑于北宋熙宁年间），历代不断修筑、加固并完好保存至今日，它的重要功用之一即是防洪。还有浙江台州临海县的古城墙（始建于晋，历代屡次修筑增建），因城与江紧邻，其瓮城和马面都做了专门的防洪设计。对于像临海这样的城市来说，城墙抵御自然灾害的能力是直接关系到城市的存亡的。

根据使用情况的不同城墙可分为普通城市城墙和边界城墙，即我们习称的长城，以及建筑群墙垣三种类型，前两种类型其实都是由城墙及其附属的防御建筑共同构成的一个综合性的整体防御系统。普通城市城墙由城墙本体（郭城、内城，有的还有夹城等特殊构造），瓮城，城门、城台与城楼，马面、敌台与敌楼，角台与角楼，城河或城壕等构成；长城则除城墙本体之外还包括大大小小的关城（城门、城台与城楼），用于 望和报警的烽燧，供军队屯驻留守的不同级别的镇城、卫所、坞堡等附属建筑；建筑群墙垣是指用于宫城与陵墓、苑囿、坛庙等高等级建筑群的墙垣（大多是外垣），这些墙垣在尺度、体量上一般都小于城市城墙，但是形制基本类似，其建造目的除防御之外还需满足礼制上的要求。

普通城市城墙建筑的存在数量本来是很多的，经过近现代的几次拆城风潮，幸存下来的已经很有限了，而且大多残缺不完整，现在保存完整的、规模较大的城墙就只有西安明代城墙，少数小城镇里还有保存较完整的城墙，如山西平遥；边界城墙现存的有春秋战国时期各国修筑的长城，如魏国、秦国（图1–7）、齐国、赵国、楚国等，分散在各地，以及我们现在所见的自山海关至嘉峪关的明代长城。

图1–7　陕西北部榆林市附近的战国秦长城烽燧遗址（图片来源：作者自摄）

9．水利与交通建筑遗产

包括桥梁、栈道、堰、渠、运河、近代的铁路及站房等。它们分布广泛，见证着古代工程技术与经济的发展、社会生活的演变，也见证着人类对自然的改造、利用和依赖（图1–8）。

这类建筑的一个突出的特点是它们当中很多从过去一直持续使用到了现在。很多古桥、古栈道、古运河、古堤堰直到今天都在发挥着不可缺少的作用，与人们的日常生活息息相关，早已融入了我们今天的生活。

图1–8　秦直道遗址（直道是为防备匈奴入侵修筑的从关中直达北方塞外的军事专用道路。南起陕西淳化县，北迄内蒙古包头市西，全长1400余里）（图片来源：作者自摄）

10. 宫殿建筑遗产

这无疑是古代社会每个历史时期里辉煌的建筑成就的最高代表和全面的、集中的表现。但是完整保留到现在的只有北京紫禁城（明、清）和沈阳故宫（清）两处。

11. 园林建筑遗产

园林在古代中国几乎没有单独存在的，基本上都与其他的建筑类型有重叠的部分，即使是规模巨大、真山真水的皇家苑囿，也是园林与宫殿的结合体。换个角度，应该说大部分的古代建筑都普遍包含有园林的内容，只是程度不同，有的只是莳花种树、装点庭院，有的则经过专门的规划与设计。留存至今的古代园林大多是和住宅、书院、祠庙、佛寺、道观、衙署、坛庙、宫殿等建筑共存的，它们是各种不同的使用功能与游赏休憩功能相融合的有机整体。

园林现存数量较少，且以皇家苑囿和私家园林为主，多分布在北京和长江中下游地区，时间也基本上都是明、清两代的。这主要是因为园林的基本构成要素大都是自然要素，会生长、会衰老消亡，需要不断地照料与维护。与建筑物相比这些自然要素更易受到各种内、外因素的影响，是易损耗的部分，所以较难保留下来，而且较难保持原初的面貌（图 1–9、图 1–10）。

图 1–9　苏州留园（始建于明万历年间）
（图片来源：作者自摄）

图 1–10　拉萨罗布林卡（已有 200 余年历史）
（图片来源：作者自摄）

12. 陵墓建筑遗产

在现存的建筑遗产中陵墓的数量相当可观，分布在全国各地。而且，从帝王陵寝到普通墓葬，几乎涉及社会各个阶层。就时代连续性来说，除了很少几个特殊的历史时期之外，从新石器时代的氏族墓地到近代的革命烈士陵园，中国各个时代的陵墓今天都有实物留存。这些陵墓本身及其出土的各种可移动文物是我们获取古代社会各方面信息的非常重要的来源（图 1–11）。

图 1–11　南京中山陵
（图片来源：作者自摄）

13. 纪念性建筑（构筑物）遗产

主要是指各种近现代的纪念物及纪念建筑物，如抗日战争、解放战争时期一些重大历史事件的发生地、发生场所，与伟人、名人有关的建筑物，如名人故居等。

14. 生产建筑（构筑物）遗产

这是为各种生产劳动提供服务的建筑物、构筑物及设施、场地，例如各种手工业作坊、磨房、瓷窑、砖瓦窑、酒窖、工业厂房等。其中那些传统的手工业作坊常常还兼具住宅、店铺的功能，其实是一种集中了居住、买卖、生产加工等功能的建筑综合体。

15. 城市、村镇类建筑遗产

——上述各种类型的建筑物、构筑物以一定的组织方式集合成为城市、村、镇。

二、根据建筑遗产的主要结构材料的不同分为三种类型

1. 木质建筑遗产

木质建筑遗产是指以木材为主体建造材料的建筑遗产。这是中国古代建筑遗产最主要、最精华的部分。但是由于材质的特点现存数量相对有限，在时间上也以唐、宋以后的为多。

2. 土质建筑遗产

土质建筑遗产以土材（夯土、土坯等）为主要材料。在我国现存的建筑遗产中土质建筑遗产的数量相当可观，因为夯土是中国历史上使用历史很长的、非常重要的建造材料之一。保存到现在的古代城址大部分都是夯土的，大量的建筑物基址也多是夯土的（夯土的台基，残存的夯土或土坯墙体），还有史前的考古遗址（包括原始聚落、原始住房）、历代陵墓的封土等。秦汉及先秦时期的长城及其附属设施（如烽燧等），以及明长城的部分段落也都是以土为材料建造的。

3. 砖石质建筑遗产

砖石质建筑遗产以砖、石或砖石为主要结构材料。由于材料的耐久性相对较好，砖石质建筑遗产的现存数量较多，具体的建筑类型包括塔、石窟寺、桥、陵墓（地上部分、地下部分）、建筑群中的附属物（如华表、经幢、碑刻等）、单体建筑中的砖石部分（础、台基、钩阑、墙体等）、城垣等。

三、根据建筑遗产原有使用功能的延续情况分为两种类型

静态建筑遗产和动态建筑遗产❶。

静态建筑遗产是指原有的使用功能已经失去或中断的建筑遗产，而动态建筑遗产则是指现在仍处在使用中、发挥着使用功能的建筑遗产，不论它这个使用功能是建筑创建时的原初功能还是在历史发展的过程中被赋予的其他功能。

---

❶ 分别对应于国际遗产界的 Static Heritage 和 Living Heritage 这两个概念。

四、根据建筑遗产存在状态的不同分为三种类型

1. 单体建筑遗产

是指独立存在的单体建筑物及构筑物。大多数的单体建筑遗产是由于其原属的建筑组群中的其他建筑物破坏、损毁而成为独立留存下来的单体建筑物及构筑物，这样的情况在各种性质的建筑遗产中都存在；而有的本身就是独立性的建筑物或构筑物，如前述按照建筑性质所分类型中的城市及景观、风水类的建筑遗产基本上都属于这种情况。

2. 组群建筑遗产

由单体建筑与庭院构成的组群是中国古代建筑的基本构成方式和存在状态，不少未经历严重破坏的古代建筑还能够基本以这个原初状态保存到现在。现存的组群建筑遗产在规模上有很大的差异，小的只由一个院落和几个单体建筑物组成，大的如明、清紫禁城，由百余个院落和几千个大大小小的单体建筑物组成，占地 72 公顷余。组群中的各个组成部分可能是在同一个历史时期内一次性产生、形成的，也可能是经过不同的历史时期逐渐累积形成的。

3. 建筑遗产群

建筑遗产群与组群建筑遗产的不同在于组群建筑遗产属于一个建筑物，而建筑遗产群是由同处于一个特定空间中的若干个建筑物和建筑组群组成的，上述的单体建筑遗产和组群建筑遗产这两种类型就是组成建筑遗产群的基本元素。

限定或者说提供这个特定空间的要素可以是人造的城墙、街道，可以是自然的山、水等地形地貌。这些建筑物的使用功能可以是单一的，也可以是以一种为主结合其他功能的，还可以是不分主次的各种功能的混合。它们大多是经过较长的时间逐年累积形成的，所以群体中会存在有不同历史的组成元素。在时间的作用下，具有不同历史的组成元素在空间关系、形象特征、日常使用和生活联系上融合为一个相互依存的有机体，同时又拥有各自的特征。

具体地说，这种建筑遗产群包括历史街区、历史村镇和历史城市。它们的不同之处在于历史街区和村镇一般就是一个建筑遗产群，而历史城市往往是由多个建筑遗产群组成，这些建筑遗产群因同处在历史城市这个同一的特定空间中而具备某种共性，又因为处在历史城市中的不同区域内而具有差异性和多样性。同时，这种建筑遗产群的形成往往都是历史发展累积的结果，因此还具有时间属性上的不同。

上述这三个基本类型实际上就是建筑遗产存在的三个层次，相对应的是建筑遗产保护的三个层次，即单体建筑和组群建筑遗产—历史街区（村镇）—历史城市。

五、根据建筑遗产所呈现的空间形态的不同分为三种类型

1. 点状建筑遗产

这是以点状的空间形态存在的建筑遗产，包括独立存在的单体建筑遗产和组群建筑遗产（图 1-12）。

2. 面状建筑遗产

这是以面状的空间形态存在的建筑遗产。建筑遗产群和规模巨大的组群建筑遗产都属于面状建筑遗产，具体地说包括历史街区、历史城市、大型的组群建筑遗产，还有前文定义的“大遗址”，

即属于典型的面状建筑遗产。

面状建筑遗产由两方面内容组成，一是使用性质不同、存在状态不同的各种建筑遗产，二是自然环境和社会文化环境。具体到不同的遗产，自然环境和社会文化环境所起的作用是大小不同的，比如对于历史街区，社会文化环境的影响可能要大于自然环境；对于历史村镇，自然环境和社会文化环境的作用同样关键；对于有些大遗址，自然环境则是影响它们的主要因素。

自然环境和社会文化环境既是面状建筑遗产的基本组成内容，也是决定它们的具体空间形态的基本因素。一个面状建筑遗产，它的空间形态的形成基础可以是由城市方格网状道路系统所划分的一块形状规则的用地，可以是连绵山冈中的一个盆地，可以是被水面围合的一片不规则的用地，可以是山南水北的一块形状自由的平地，也可以是两河交汇处的一块三角洲（图 1–13 ～图 1–15）。

图 1–12　点状建筑遗产——西安隋宝庆寺塔（独立存在的单体建筑遗产）（图片来源：作者自摄）

图 1–13　面状建筑遗产——新疆吐鲁番交河故城遗址（图片来源：《中国文物古迹保护准则案例阐释》，国际古迹遗址理事会，内部资料）

图 1–14　面状建筑遗产——上图：自然村落（安徽歙县西递村）；下图：城市中的传统居住街区（福州三坊七巷）（图片来源：作者自摄）

3．线状建筑遗产

是以一个线状的联系纽带组织起来的呈带状分布的建筑遗产群落。它的基本组成元素包括点状建筑遗产和面状建筑遗产❶。

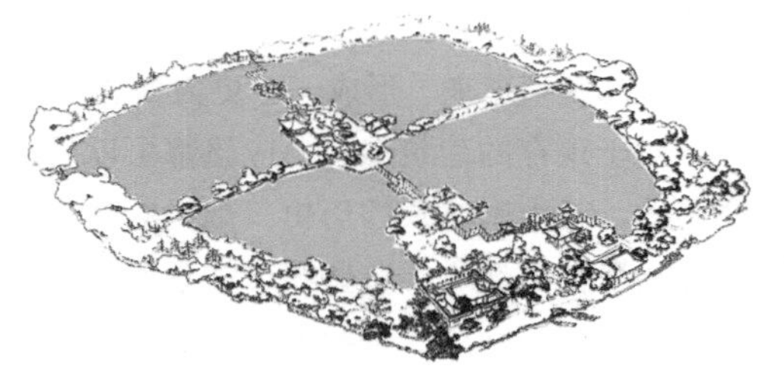

图 1–15　面状建筑遗产——环西湖的建筑与自然遗产群带

这个线状的纽带是决定建筑遗产群落的空间形态的根本因素，它可以是具体的、物质性的，如一条河流，一条道路，一道山脉；也可以是抽象的、非物质性的，如一个历史事件，一种历史活动，一个历史人物的活动轨迹，一种文化的传播路径，它们都具有将使用性质不同、存在状态不同的各种建筑遗产组织为一个群体的内在力量。同时，由于这个联系纽带的特性，线状建筑遗产往往是跨越某一段历史时间、某一个特定空间的（可以是跨越地域的，也可以是跨越国家、跨越民族的），是在大尺度的时空中分布、存在的，所以能够更为全面、宏观、整体性地展现中国历史的面貌，阐明中华文化的特征。在我们现存的建筑遗产中，有众多物质性的线状联系纽带，例如一些大江大河或其中的某段流域❷；亦有可观的非物质性的纽带，例如以文明起源为纽带组织起散布在中国大地上的数量可观的考古文化遗址，形成为一个说明、记录中华文明起源、发展及文化源流的遗产系统；还有著名的如丝绸之路（由同一种历史活动组织起该活动路经的众多不同历史时间里的点状遗产和面状遗产，这个纽带从中国跨越到了中亚、西亚及欧洲地区），同样的还有海上丝绸之路（跨越到了东南亚、南亚、东非及南欧地区）；历史人物的活动轨迹，如玄奘西行取经的路线可以串联起沿途散布的多处遗产，同样的如徐霞客的考察、旅行路线（图1–16）；文化传播路径，如佛教文化从印度向中国由外而内的传播，由最初的佛教中心地向全国其他地区的传播和由中国向周边的朝鲜半岛、日本的传播，以这些路径为纽带展现佛教文化在中国的创建、发展的历史和中华文化以佛教为载体影响周边国家、民族的文化的历史等。这

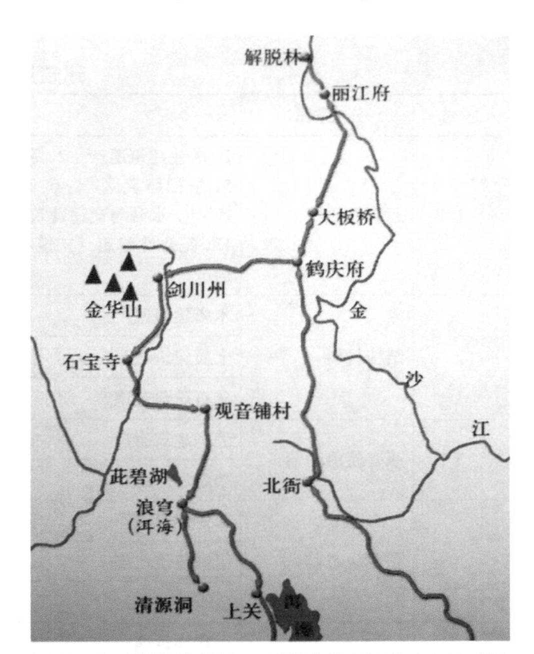

图 1–16　线状建筑遗产——徐霞客进滇路线（部分）[徐霞客于明崇祯十一年（1638 年）进滇，历时一年多，考察了泸西、沾益、罗平、曲靖、建水、昆明、宾川、丽江、剑川、大理、保山、腾冲等地区]

❶《世界遗产名录》在近年也出现了线状的新遗产类型，如“历史运河”（Historic Cannel）、“历史路线”（Historic Route）。

❷ 例如黄河，它应该称得上中国具有最突出的价值的遗产河流了，从发源到入海，黄河两岸有多种多样的地形地貌和自然风光，高原草甸、湿地、草场、黄土台塬、沙漠、冲积平原、三角洲……还有华山、邙山这样的历史名山；作为中华文明的发祥地之一，黄河流域的文化遗产同样极为丰富，众多史前的考古文化遗址，各个历史时代创建形成、延续发展到今天的大大小小的历史城市、历史村镇（既有都城洛阳、开封、银川，又有不同类型的地区性城市，还有各具地方特色的聚居村落），各种类型的单体建筑遗产和组群建筑遗产，还有各地多样的生产生活方式、风俗习惯、民间艺术、地方文化等非物质文化遗产。如果再加上黄河的几大支流及其流域内的各处自然遗产和文化遗产，那将是一个更大的遗产群带。

些物质性的和非物质性的线状纽带不仅组织起了以建筑遗产为主的文化遗产，同时还将沿线的自然遗产囊括进来，形成一个更为壮观的遗产群带[1]。

对于现存的建筑遗产，应该都可以通过各种文化的、历史的或自然的纽带联系、组织为一个整体。就中国悠长的历史、灿烂的文化和壮丽的自然而言，能够概括、提炼出很多的物质性和非物质性的纽带。这些纽带在数千年的时间中和千万平方公里的空间中纵横、交错，形成一个巨大的遗产网络，将我们现有的包括建筑遗产在内的文化遗产及相关的自然遗产编织为一个整体（表1-2）。

建筑遗产的不同类型 **表1-2**

序号	分类依据	类　型
1	建筑性质	1. 居住建筑遗产；2. 宗教建筑遗产；3. 文化建筑遗产；4. 城市及景观、风水建筑遗产；5. 祭祀建筑遗产；6. 政府建筑遗产；7. 办公及商业建筑遗产；8. 城墙及防御建筑遗产；9. 水利与交通建筑遗产；10. 宫殿建筑遗产；11. 园林建筑遗产；12. 陵墓建筑遗产；13. 纪念性建筑（构筑物）遗产；14. 生产建筑（构筑物）遗产；15. 城市、村镇类建筑遗产
2	结构材料	木质建筑遗产
		土质建筑遗产
		砖石质建筑遗产
3	原有使用功能	静态建筑遗产
		动态建筑遗产
4	存在状态	单体建筑遗产
		组群建筑遗产
		建筑遗产群
5	空间形态	点状建筑遗产
		面状建筑遗产
		线状建筑遗产

资料来源：作者自制。

第三节　中国建筑遗产的特点

中华文化的最突出特点就是文化发展的连续性，这种连续性具体表现在两个方面，一是中国古代的语言文字在数千年的发展过程中未曾发生过爆发性的断裂现象，即语言文字这个文化赖以流传的工具的连续性；二是中国历史和文化的传统未曾中断过，即文化精神的连续性。在长期的发展过程中统一和稳定始终是主流趋势，分裂和混乱只占这整个发展过程的很小一部分，并且中国作为一个独立的政治实体也从不曾被外来因素中断这一基本的历史发展特点决定了中

[1] 这样形成的线状遗产群带类似于国际遗产界近些年来日益重视的"系列遗产"（Serial Heritage），这一概念由联合国教科文组织世界遗产委员会于2003年提出，一项系列遗产中的各个组成部分应该属于同一个历史文化群体，或者具有同一个地理区域的特征，或者由同一地质地貌构成，或者属于同一个生态系统。世界遗产委员会的系列遗产概念是偏重于自然遗产的，特别有利于跨越若干个相邻国家的自然遗产的保护，因为在这个概念下这些遗产就不会因为国家疆域的问题而被人为地划分。同时，对它们的保护也促进了不同国家之间的文化交流。

华文化的连续性[1]。这种连续性是完全意义上的连续性，它能够自我代谢、自我更新、自我修复，虽然在不同的历史阶段它的代谢、更新、修复的速度快慢不同，但是它始终生长着，直至今天仍然具有生命力。

中华文化是建立在自己的新石器文化的基础上、在一个相对封闭的自然环境中不受外来干扰独立地成长起来的，用了较短的时间就发展成熟，形成自身的独特个性。而自然环境与自然资源的丰富多样又决定了原始文明的多样性，这些具有多样性的原始文明就是汇集、交融成为整体的中华文化的众多源头，这些文明源头有的还能够同时保持着自身的特点，继续发展，最终成为不同地理区域内富有特色的地方性文化。中华文化在融合自己内部的多样文化的同时，还与域外的外来文化进行交流，吸收、融合这些异质文化。这些不同的文明源头和地方性文化以及异质文化使中华文化具有十分丰富的多样性。

作为中华文化体系中一个典型的组成部分，中国的建筑具有中华文化所具有的根本特性，那就是连续性、独特性和多样性。并且它萌芽、发展、成熟的过程与中华文化的发展过程具有同一性，而中国建筑自身就是形象化、实体化的中华文化。中国建筑一直作为一个有机的、完整的系统被不同的时代继承并传递，持续发展到近代。直至今天，中国建筑的精神也并没有完全终止，仍在以某种方式延续着。

文化特性之外，留存至今的中国建筑遗产还具有以下这些主要特点：

（1）类型丰富。建筑类型的丰富多样正是社会生产力发展水平和文化、经济发达程度的真实体现。

（2）以木结构为主干，结合生土结构、砖石结构等主要的分支，在近代和现代又加入现代建筑结构的新分支，形成中国建筑遗产的完整体系。这个体系由木、土、砖石等主要结构材料和承担着主体结构的防护、美化任务的非结构材料，及其相应的工艺、技术所支撑。这些结构工程技术不断发展，达到了很高的水平。

（3）尊重自然、顺应自然、与自然共存共荣。这样的环境观贯穿在从营造到使用的每一个阶段中，中国的建筑遗产总是时时处处表达着文化与自然的相互作用。

（4）积淀丰富。中国的建筑遗产普遍积淀有十分丰富的历史文化信息。就建筑物而言，持续的使用和经常的修缮、更新在建筑上留下不同历史阶段的时间印痕，这些时间印痕常常会叠加在一起；而历史城市、历史村镇正是由于长时间持续不断或偶有间断的使用发生在同一地理位置而形成的。在同一个空间中，地面和地下，叠合累积着不同的时间，一直延续到今天。所以我国现存的城市、村镇中不乏历史长达千年的，有些城市则作为都城见证了几个甚至十几个朝代的更替兴衰。

第四节　中国建筑遗产的破坏原因

建筑遗产的破坏原因可以分为自然因素和人为因素两个大的方面。

---

[1] 如梁思成先生所说："在历史上，其他与中华文化约略同时，或先或后形成的文化，如埃及、巴比伦，稍后一点的古波斯、古希腊及更晚的古罗马，都已成为历史陈迹。而我们的中华文化则血脉相承，蓬勃地滋长发展，四千余年，一气呵成。"（摘自：我国伟大的建筑传统与遗产[M]// 梁思成全集．第五卷．北京：中国建筑工业出版社，2001）

一、自然因素

自然因素又包括自然灾害和自然破坏力两类破坏因素。

自然灾害，如地震、洪水、泥石流、滑坡、暴雨雪等，是突然发生的，它们对建筑遗产的破坏是彻底的，一般来说是无法抵抗、无法预料的，但是可以通过采取工程技术措施对某些有可能发生的自然灾害进行预防，以减轻灾害造成的破坏。

自然破坏力与自然灾害不同的是它们是持久地、不断地、时刻地侵蚀着建筑遗产，它们对建筑遗产的破坏是缓慢进行的，表现得不显著，但是慢慢积累，最终发展成导致建筑遗产损毁的根本性因素。这些自然破坏力包括气候变化、阳光照射、风雨侵蚀、动植物和微生物的生长繁殖等，它们直接作用于建筑的材料从而造成破坏。对于不同的材质，它们的破坏作用是有所不同的，例如，昆虫、微生物的繁殖对木材破坏最大，而光线中的紫外线和红外线会降低木材等有机物的强度。空气湿度过大，对于木、石及陶质材料都会产生不良影响，因为水分渗入到这些材料的孔隙中，一旦外界温度发生较大幅度的改变，破坏就会产生，比如结冰导致石材开裂，失水导致木材干裂或翘曲变形。至于酸性物质（空气中的二氧化硫和水蒸气作用生成亚硫酸和硫酸）则会对各种材质造成伤害，尤其对于石材、金属材料是最致命的破坏因素。

二、人为因素

破坏建筑遗产的人为因素有很多，如城市建设引发的对建筑遗产的直接的拆除、损伤和对环境的毁坏、改变；农业生产对陵墓、城墙及古代城墙遗址等这一类散布在乡间、主要以夯土建成的建筑遗产影响很大，如为扩大耕种面积消除这些建筑遗产，在陵体或城墙上取土，或摘取砖、石等建筑材料，开挖池、渠等水利设施导致陵墓的地下墓室渗水、塌漏等；城市各类建设和农业基建造成无准备的、被动的、仓促的、抢救性的考古遗址、陵墓、建筑基址等的发掘、清理。赶在挖掘机前发掘、保护是考古学家和遗产保护工作者普遍的工作状况，即使是一些价值非常突出的遗产，也摆脱不了这样的境遇，还有我们不清楚数量的遗产被埋在现在的建筑物、构筑物下面。

为开发旅游在遗产所在地大量兴建各类旅游服务设施，对遗产本身和环境造成破坏。旅游容量过大，同样对遗产本身和环境造成破坏。

修建道路、机场等交通设施，改变大地山川原有的自然品貌特征。在城市中不断拓宽、增修道路，导致道路沿线的建筑遗产的拆除，导致对城市原有格局、肌理的根本性破坏；机动交通的发达引起地层的频繁震动，破坏地质构造的稳定，影响地面遗产地基的安全和地下遗产的地壳基础。机动车辆还制造噪声，排出大量尾气，造成环境污染。

开发水利资源，如修建水库、堤坝，开挖人工河渠，引起天然河流的河道改变、河床高度变化、河水流速变化等，从而导致河流沿岸的自然特征的改变和流域内自然生态系统的变化，同时还波及地下环境的改变，影响到地下的遗产；城市用水量的增加，加大地下水的开采，致使地下水位降低，建筑地基下沉。

不合理的考古发掘，不恰当的或不能达到要求的保护措施，日常保护工作中的不科学、不正确的技术手段，不科学的管理方法等，都会给遗产造成不可挽回的损失，或者生成潜在的破坏隐患。

这些对建筑遗产的破坏有的是无意中造成的、有的是明知而为，有的是私人行为、有的是政府行为，比如历史城市、历史街区的拆毁，都是各地政府主持的主动行为。这种以政府为主体的破坏行为造成的后果是非常严重的，因为这往往破坏的不是一个、两个遗产，而是一片、一群甚至是一城的遗产，并且一般都破坏得很彻底。后果不仅非常严重，影响的范围也非常大，尤其是一些大城市，其政府行为对周边城市、下属的乡镇都具有榜样作用。如果当年北京不拆城墙，全国各地也不会兴起拆城墙毁古城的热潮，至少不会那么严重，在这股拆城风潮中损失了多少历史城市、历史村镇，以及连带损失了多少它们其中包含的单体的、组群的建筑遗产，简直是让人不敢去想。可是这么惨重的教训也没有遏制住这股拆城风潮，一直到现在还有历史城市、街区不断被毁。

改革开放之前的建筑遗产破坏行为很多是由于无知、对遗产保护缺乏认识，或是保护观念、保护方法不正确造成的，现在则大都出于对经济利益的追逐，把经济利益当做衡量一切的标尺的社会风尚才是当今遗产保护最大的敌人。国际遗产界常说的一句话是，贫穷是最好的保护者。此言很无奈，但却是事实。近一二十年里，国家对遗产保护越来越重视，人力物力的投入也非从前可比，但是，客观地说，现在我们的遗产破坏速度同国家经济发展的速度一样快，出于经济目的的破坏行为所造成的后果远远比改革开放之前严重得多、迅速得多。20 世纪 70 年代处在经济高速增长期的日本的老百姓把在开发名义下对历史风土文化和历史城市的破坏称作第三公害[1]（前两个分别是污染空气和水系、开发破坏自然环境），这同我国现在面临的状况很相似。现在有学者呼吁将遗产保护作为我国继计划生育、环境保护之后的第三国策[2]。计划生育政策坚持几代人后初见成效，先污染再治理的环境经过足够长的时间多少能恢复一些，那文化遗产呢，先破坏再保护吗？破坏之后就没有什么可以保护的了，因为遗产是无法再生的，一旦失去就不可挽回。

---

❶ 见：日本观光资源保护财团编．第一章　何谓历史文化城镇 [M]. 历史文化城镇保护．路秉杰译．郭博校．北京：中国建筑工业出版社，1991：26.

❷ 见：徐嵩龄著．第三国策：论中国文化与自然遗产保护 [M]. 北京：科学出版社，2005.

建筑遗产保护的发展历程——理论与实践

TWO

第二章　建筑遗产保护的发展历程——理论与实践

TWO

遗产“保护”的活动在历史上是早就存在的事情。早期的“保护”多是以物件的收藏为主，或是出于原始宗教的信仰和对祖先的崇拜，或是社会群体的精神象征，或是审美意识的表现，还有社会地位和财富的表示。应该说是博物馆学的起源和萌芽。有博物馆学家认为世界上最早的博物馆就是公元前5世纪古希腊的特菲尔·奥林帕斯神殿中保存各种过去的战利品和雕塑的收藏室。公元前284年托勒密王朝在埃及的亚历山大港创立了亚历山大博物馆（Mouseion at Alexandria），收藏有关天文、医学、艺术方面的珍贵物品和作家、诗人、学者们的著作、手稿，包括柏拉图和亚里士多德的部分手稿，供学者们研究，并向来自各国的青年讲授。这已经是一种有目的、有目标地传承文化的行为了。

至于在建筑领域，修缮、重建房屋的活动则是在没有间断地进行着，其目的主要在于维持使用价值或是延续某种象征意义（皇权的、宗教的、社会地位的……），与现代的遗产保护活动相比在目的、目标和原则方面是不相同的。

遗产保护作为一门学科，真正的开始大约是在19世纪的中后叶，在欧洲。然后经过一个世纪的发展，到20世纪60～70年代，在理论、方法和实践上都走向成熟。这一百余年的发展过程，内容极为丰富，从认识的逐渐深刻，概念的逐渐扩展，目的与原则的不断调整、修正，方法与手段的反复摸索和改进、完善，到经验和教训的积累与汲取。

第一节　建筑遗产保护的发展历程（以欧洲国家为例）

在遗产保护作为一门学科的发展形成过程当中，欧洲国家的状况具有相当的代表性，集中地体现了遗产保护运动的行进轨迹，他们的实践探索和理论观点与现代的遗产保护运动有着深厚的渊源关系，是现代遗产保护学科的基石。

文艺复兴时期

思想变化的核心是意识到人应该是一切事物的中心和衡量标准。这个认识是通过诗人、哲学家、人文学家对古代文献的重新发掘、整理和理解逐渐形成的。雕塑家和画家们也到古代艺术中寻求灵感，众多的古希腊和古罗马的城市、建筑遗迹重新成为人们眼中的古代建筑与雕塑的宝库。“拜占庭灭亡时抢救出来的手抄本，罗马废墟中发掘出来的古代雕像，在惊讶的西方面前展示了一个新世界——希腊的古代。在它的光辉的形象面前，中世纪的幽灵消逝了。”[1]对它

[1] 恩格斯．导言[M]//自然辩证法．北京：人民出版社，1961．

们的清理、发掘和记录益发使世人意识到它们不只是过去时代里遗留下来的片段残迹，而是饱含着过去时代里一度光辉灿烂、至今仍焕发出伟大精神的文化财富。它们作为历史遗留物的文化价值和意义被认识到了。

此后直至18世纪，欧洲还是古董收集的时代。

产业革命发生，资本主义生产关系在欧洲各国普遍建立起来以后，过去的建筑因为不适合于新的时代、新的社会条件而成为历史的记忆，它们的文化意义开始凸显，它们见证历史的价值也开始被人们认识到。"文物建筑"的概念出现了。

1792年

法国大革命期间，法国人明确提出了"文物建筑是过去某个时代的活的见证"这一重要观点，认识到了文物建筑的价值所在；提出以艺术和历史的名义保护历代的遗产；还提出文物建筑是国民的共同遗产，要收归国有。

可是同时，国家委员会把没收来的国王、修道院、贵族的财产中的许多文物都毁掉了，因为他们认为这些东西是过去统治人民的权力的象征，没有把它们看做是文物建筑遗产。比如法国著名建筑师勒杜（Claude-Nicolas Ledoux）曾设计了60座征税所，位于巴黎城门口，由一系列宏伟的城门和建筑物组成，征税所建筑包括圆形大厅、门厅和柱廊。在大革命发生前的1785～1789年间建成了50座，保存至今的只有4座，其余的就是在大革命中被抗拒苛捐杂税的愤怒民众拆毁了。

1796年

Alexander Lenior 创立了"法国建筑遗迹博物馆"。

1810年

法国政府进行了第一次文物遗产清查，并由内政部成立了文物建筑遗产保护委员会，设立了视察员。并实施了第一批保护项目（如Saint Denis大教堂、Vezelay大教堂的保护）。

19世纪30年代

在这一时期浪漫主义是法国文化的主流。浪漫主义注重个性、主观性、自我表现、丰富的想象和强烈的感情。浪漫主义精神最先出现在文学中，进而把艺术范围扩大至建筑、绘画、音乐，往往以历史、民族的奋斗和情感、壮美的自然为艺术创作的素材。中世纪的建筑由于特别吸引了浪漫主义的创作想象力而成为当时被普遍借用的古代的建筑式样，哥特式教堂的美被人们发现并认识到，它们的修复在这一时期内很受重视。

浪漫主义作家们通过他们的作品赞美文物建筑，激发起民众的保护意识。V·雨果[1]就是其中的代表——"最伟大的建筑物大半是社会的产物而不是个人的产物，与其说它们是天才的创作，不如说它们是劳苦大众的艺术结晶。它们是民族的宝藏、世纪的积累，是人类的社会才华不断升华所留下的结晶"。

图2-1 P·梅里美

1834年

法国政府任命了第一位文物建筑总监（inspector-general of historical monuments）——P·梅里美[2]（图2-1）。两年后成立了全

[1] Victor-Marie Connard Hugo（1802～1885年），法国浪漫主义诗人、剧作家、小说家、人权活动家、演说家。

[2] Prosper Mérimée（1803～1870年），法国浪漫主义戏剧作家、历史学家、考古学家。1978年法国文化部建筑遗产局创立了国家文物建筑遗产名录（The French national list of heritage monuments），这个名录即是以梅里美命名的，叫做The Base Mérimée。

国历史文物委员会。从 19 世纪 40 年代开始，梅里美领导了文物建筑的登录保护工作，形成了欧洲最早的一份文物建筑登录名单。

这个时期所认定的文物建筑的范围很小，主要是那些得到公认的、建筑发展史中的杰出作品，建筑类型主要有中世纪的教堂、修道院、城堡。

19 世纪 40 年代

图 2-2　勒 · 杜克

TWO

勒 · 杜克[1]担任了法国文物建筑总监的首席建筑顾问（图 2-2）。这位当时欧洲文物建筑保护工作的重要人物，对历史上各时期的建筑进行了论证和评价，努力建立科学保护的理论，同时把这些理论付诸实践，陆续主持了一些中世纪教堂的修复。

在勒 · 杜克之前的 19 世纪初年，欧洲盛行的是“设计式”修复，这个名称是根据这种修复方法的特点总结出来的。当时的建筑师们对哥特式和罗马式建筑感兴趣，进行了一批修复活动。由于他们对这些风格类型的建筑了解甚少，在修复理论上、方法上及艺术史等方面未作必要的学习、研究和考证，所以没有一贯的修复原则和准确的修复方法，修复工作做得很随意，修复者常常是在创新，像是在作哥特式或罗马式建筑的设计练习，甚至常常根据自己的想象给建筑物加上一些原本没有的部件，如塔楼、尖顶之类。他们的这种修复缺乏科学性，不是保护而是破坏。有很多中世纪的建筑经过这样的修复变成了新时期的作品。

而勒 · 杜克提出了一套较完整的修复理论，即“风格修复”理论，形成了建筑遗产保护的法国学派。风格修复很快传遍了欧洲，成为当时欧洲各国修复文物建筑的主导理论思想。

■ 法国学派

· 原则

——“每一座建筑物，或者建筑物的每一个局部，都应当修复到它原有的风格，不仅在外表上要这样，而且在结构上也要这样。”

· 要求

——进行修复的建筑师要“确实熟悉艺术史各时期特有的风格……要有丰富的结构知识和经验……熟知各个不同时代的和不同流派的建筑物的建造方法”。“在修复工作开始之前，首要的是确切地查明每个部分的年代和特点，根据它们拟订一个有可靠文献为依据的逐项实施计划，或者是文字的，或者是图像的”。“只许用更好的材料、更牢靠的或更完善的方法来取代坏掉了的部分”。

· 目的

——“修复建筑是为了把它传给将来”。

——“修复一座建筑，意味着把它恢复到完整的状态，即使这种状态从来没有存在过”[2]。

· 法国学派的理论是有关建筑遗产保护的第一套科学理论，其科学性表现在：

---

[1] Eugène Emmanuel Viollet-le-Duc (1814 ～ 1879 年)，法国建筑师、建筑理论家。出版有多部理论著作。他主持修复的主要建筑有巴黎圣母院（Notre Dame de Paris，勒 · 杜克给它增加了第三个塔楼）、Roquetaillade 城堡、Carcassonne 城堡（勒 · 杜克给它增加了很多个尖顶）、Pierrefonds 的大教堂等。

[2] 1854 年勒 · 杜克在他的书中这样写道。其法语原文为："Restaurer un edifice, ce West pas l'entretenir, Le repair on lc refaire, c'est lc retablir dans un ȩtat complet gui peut n'avoir jamais existé a un moment donné"。英语译文为："Restoration is a means to reestablish (a building) to a finished state, which may in fact never have actually existed at any given time." (Translated by Kenneth D. Whitehead. *The Foundations of Architecture* [M]. New York: George Braziller, 1990)

注重建筑物的整体性，从外观到内部结构，表里如一；要求从事修复工作的建筑师要具备扎实的建筑史理论知识及相关的结构、构造的知识和经验。在经过充分的准备工作、有可靠依据的前提下才可以开始修复，这都表现出了严谨、科学的工作态度；对文物建筑保护的目的有了较明确的认识，那就是要“传给将来”，与我们今天的遗产保护的目的是一致的。勒·杜克还说“经过了建筑师的手之后，建筑物不应该比修复之前更不便于使用……保护文物建筑的一个好办法就是给它找一个合适的用途”。这是在实际使用中进行保护的十分先进的、积极主动的保护观念。

但是同时法国学派理论上的缺陷与错误也是十分明显的，最根本的就是以恢复文物建筑在某个特定历史时间里的艺术特色为修复工作的基本目标，过分追求建筑物在艺术风格上的完整性。为了这种风格上的“统一”与“完整”（因为强调建筑物整体上的风格一致，所以风格修复也叫做整体修复），对建筑物进行改动也在所不惜。对建筑物原本就没有的，或是现在没有了的，或是现有的但是风格却不够“纯正”的部分依照通过考察、研究建筑物鼎盛时期的形式特征得出的设计思路与手法进行增添、修改、删除，修复工作过多地带有修复者的主观意图。

这种风格修复理论完全忽视或者说在那个历史时期里还根本没有意识到尊重和保持文物建筑的“真实性”这一问题，对文物建筑的“完整性”的理解也是片面的，只认识到了“完整性”的表面内容，那就是物质形式的完整而不是所携带信息的完整。在造成的严重后果方面风格修复不亚于“设计式”修复，不同的只是风格修复以有根有据的设计代替了“设计式”修复的自由随意的创作。

19 世纪中叶

在英国，风格修复的代表人物是斯科特爵士[1]。他认为建筑在存在过程中历代加上去的修改都同原建筑物一样可贵，值得精心保护，不应该为了风格的统一而除去。斯科特是在钻研了有关中世纪建筑的著作后开始其建筑生涯的，他修复了不少年久倾圮的中世纪的大教堂和礼拜堂，就他的实践做法来看遵循的还是风格修复的原则。

19 世纪中后叶

英国以约翰·拉斯金[2]（图 2–3）为首发起了反修复运动。

拉斯金激烈地抨击风格修复。在其著作《建筑七灯》中他说：“修复……意味着一幢建筑物所能遭到的最彻底的破坏”，“……在这件重要的事情上再也不要自欺欺人了，想修复建筑曾经有过的伟大和美丽无论如何是不可能的，就像死去的人不能复活一样”。[3]

---

❶ Sir George Gilbert Scott（1811 ~ 1878 年），英国建筑师。一生设计、建造，修复了 800 多座建筑，基本上都是大教堂、礼拜堂和贫民教养院（workhouse）。修复的主要建筑如斯塔福德郡的利奇菲尔德大教堂（Lichfield Cathedral，Staffordshire，修复西立面，增加浮雕装饰），约克郡的韦克菲尔德大教堂（Wakefield Cathedra，Yorkshire，重建了部分中世纪晚期的外观），诺丁汉的圣玛丽教堂（Church of St Mary the Virgin，Nottingham，将教堂的西立面恢复为哥特风格）等。1859 年斯科特获得英国皇家建筑学会（RIBA）的“皇家金质勋章”，1872 年获得爵位。

❷ John Ruskin（1819 ~ 1900 年），英国艺术评论家、社会思想家、诗人、艺术家。

❸ John Ruskin. *The Seven Lamps of Architecture* [M]. 1880.— "Neither by the public, nor by those who have the care of public monuments, is the true meaning of the word restoration understood. It means the most total destruction which a building can suffer: a destruction out of which no remnants can be gathered: a destruction accompanied with false description of the thing destroyed. Do not let us deceive ourselves in this important matter; it is impossible, as impossible as to raise the dead, to restore anything that has ever been great or beautiful in architecture."

TWO

拉斯金反对修复，一方面是因为他认为风格修复使文物建筑引入了过多的新成分而使文物建筑走了样，破坏了原有的价值和意义；另一方面在浪漫主义思潮的影响下，认为“一个建筑物最值得赞美的东西不在于它是石头的还是金子的，而在于它的年纪，在于嘈杂的言说、严肃的注视、莫名的同情合成的深刻的感受……”[1]，建筑物的物质结构的逐渐老化并最后坍塌是事物发展的自然规律，任何人为的努力都无法改变这个必然的过程，所以只需要进行经常性的维护和保养就可以了，没有必要去修复它。

图 2-3　约翰·拉斯金

1877 年

威廉·莫里斯[2]（图 2-4）成立了英国“古建筑保护协会”（The Society for the Protection of Ancient Buildings）。协会的成立意味着保护运动在英国的真正开始和遗产保护的英国学派的形成。莫里斯撰写了“古建筑保护公益会宣言”，是英国学派的纲领性文件。

图 2-4　威廉·莫里斯

莫里斯发展了拉斯金关于修复问题的观点，明确地解释说：中世纪（当时修复针对的主要是中世纪建筑）和现在是两个不同的历史时期，它们不但在历史上有差别，在社会、文化、经济条件各方面都有差别。工业革命和它带来的社会变革已经为新世界建立了基础。所以在现在是无法做出那个历史时期的东西来的，除非把现在的社会条件恢复到那个时期的样子。

■ 英国学派

· 原则

——对于过去年代里创造的文物建筑，最有效的方法是保持其在物质上的真实性。任何必需的修缮或修复决不可使历史见证失真，而又必须明白无误地是现代的。

· 主张

——修复是根本不可能的。

——用保护（protection）代替修复（restoration），保护文物建筑身上的全部历史，用经常的照料来防止破坏。

——为加固而用的措施应该让人一下就能辨别出，决不能伪装成什么。

——决不窜改文物建筑的本体和装饰。

· 与法国学派较多的人为干预相比，英国学派在浪漫主义思想的影响下更多地表现出“无为”，主张不要以过多的人为手段与措施改变文物建筑自身的自然发展与衰亡，认为这人为的干预实际上不起根本性的作用。只需要以日常的维护、管理使文物建筑保持健康的状态就可以了，这种观点是科学的、正确的，而强调加固措施的可识别性和真实的表达则

---

[1] John Ruskin. The Seven Lamps of Architecture [M]. 1880. — "For, indeed, the greatest glory of a building is not in its stones, not in its gold. Its glory is in its age, and in that deep sense of voicefulness, of stern watching, of mysterious sympathy, nay, even of approval or condemnation, which we feel in walls that have long been washed by the passing waves of humanity."

[2] William Morris（1834 ~ 1896 年），英国艺术家、画家、纺织品设计师和社会主义者。虽然莫里斯不是一个职业建筑师，但是他对建筑的兴趣贯穿一生。此外，他还致力于保护自然环境，因此一些研究绿色运动的历史学者认为莫里斯是现代环境运动重要的先驱者之一。

表明英国学派对文物建筑的真实性的理解和重视达到了一个很高的层次，比起法国学派先进很多了。然而过于绝对地否定修复使英国学派的理论与做法显得有些脱离实际，因为构成建筑物的各种材料的寿命都是有限的，过于反对修复只会使文物建筑得不到应有的保护而最终损毁。

19 世纪晚期

遗产保护运动的一个新发展是保护范围的扩大，人们对文物建筑有了更深入、更全面的认识。

英国学派由于看到了产业革命后机器化的社会大生产所造成的种种弊端逐渐显露，从而滋生出一种对过去了的时代与生活方式、生活环境的记忆和怀念，把保护的范围扩展到了与历史有关的多种类型的建筑物。

1882 年

英国政府颁布了重要的《古迹保护条例》[1]。在这部保护法令中，"古迹"定义为具有重要保存价值的"地上或地下的房屋、结构或其他工程"，重点在保护那些没有实际用途的、无人居住的建筑遗产，如史前遗迹、古代建筑物等，由政府选定公布。这样文物建筑不仅包括上古的石栏、中世纪的堡垒，还包括府邸、庄园、住宅，具有历史意义或与历史事件有关的小建筑物、桥梁、商场、农舍和谷仓、畜棚。法国也不再只把注意力集中在中世纪，而是把文艺复兴时期的建筑、近代的建筑都纳入到文物建筑之中，同时文物建筑的类型也逐渐变得多样化，从以前的以宗教建筑为主扩展到与普通民众生活相关的国民建筑。这样文物建筑就不再仅仅被看做是从艺术和审美的角度出发的、可供观赏的艺术作品了。

19 世纪 80 年代

意大利的两位文物建筑保护专家卡米洛 · 博伊托[2]（图 2–5）和他的学生卢卡 · 贝尔特拉米[3]提出了关于保护的新观念。

博伊托指出文物建筑的价值是多方面的，不只是作为艺术品的价值。所以必须尊重文物建筑的现状，修缮的目的只是保护，要保护历史上对文物建筑的一切改动和添加，即使这些改动和添加模糊了文物建筑的本来面目。修缮，首要的是加固，要争取只做一次以后不用再做；在不得不添加的时候，绝不可以改变文物建筑的原貌。并且所有的改动都必须有详尽的记录。除非绝对必要，文物建筑宁可只加固，不修缮；宁可只修缮，不修复。

贝尔特拉米提出保护工作要建立在科学的基础上，维修工作者不只是建筑师，必须同时是个历史学家、文献学家，要在历史的、考古的研究工作基础上去确定维修的方式和目标，要根据确凿的证据去进行维修工作，决不允许个人去分析、推论。

博伊托关于建筑修复的观念既不同于法国学派以原作者自居的主观修复，也不同于英国学派

---

[1] *The Ancient Monuments Protection Act, 1882*. 英国政府在制定文物建筑保护法令的尝试多次失败后，终于颁布了这一重要的法令。在这一法令中强调政府保护国家遗产的职权。据此，英国政府于 1893 年开始设置"文物建筑巡查员"（Inspector of Ancient Monuments），首任巡查员是 Augustus Henry Lane Fox Pitt Rivers 将军（1827 ~ 1900 年），英国军官兼考古学家、人种学者。

[2] Camillo Boito（1836 ~ 1914 年），意大利建筑师、工程师、著名的艺术评论家、艺术史学家和小说家。早年曾在威尼斯艺术学校学习建筑。博伊托主持了大量的文物建筑修复工程，其中最著名的是意大利穆拉诺的圣玛利亚与多纳托教堂与钟塔（Church and Campanile of Santi Maria e Donato at Murano），还有帕多瓦的圣安东尼巴西利卡（Basilica of Saint Anthony, Padova, in 1899）。

[3] Luca Beltrami（1854 ~ 1933 年），意大利建筑师、建筑历史学家。是 Camillo Boito 的学生。主持的重要修复工程有米兰的斯弗切斯科大教堂（Castello Sforzesco）。

的反对修复，他试图在大量的修复古建筑的实践工作中去协调、综合这两种观念和做法（图 2–5）。

图 2–5　卡米洛·博伊托

TWO

1883 年

在“罗马第三届工程师和建筑师大会”（The III Conference of Architects and Civil Engineers of Rome）上，博伊托阐述了他关于文物建筑保护的基本理论。博伊托的这个文件后来被称为《文物修复宪章》。这个重要的文件提出了关于文物建筑修复的八个要点，也即文物建筑保护的基本原则：

（1）要区分新的部分和老的部分的风格。

（2）新的部分所使用的材料要与老的部分有区别。

（3）禁止在文物建筑中使用新结构的成型构件及装饰构件。

（4）在文物建筑附近展示修复过程中移除的部件。

（5）在文物建筑中新增添的结构部分上题写日期或标注通行符号。

（6）在建筑物上用铭文说明所进行的维修工程。

（7）编制详细记录并用照片记录维修工程的每一阶段。这个记录应保存在建筑物或邻近的公共场所中，或者出版。

（8）已完成的修复工作须易于识别[1]。

这些理论明确地提出了保护的几个基本方法，并根据这些方法对文物建筑的人为干预程度由小到大区分为加固—修缮—修复三个层次。按照文物建筑具体的现存状态采用相应的保护方法。与此前对文物建筑的保护方法的认识基本上以“修复”为主相比，科学性、合理性有了极大的提升。根据人为干预程度的差异区分不同的保护方法从根本来说体现的是对文物建筑真实性的尊重和高度重视，强调添加的保护手段必须与文物建筑本体明确区分开也是出于同样的考虑。同时，博伊托重视并倡导针对修复的科学的态度。

这次会议之后意大利保护学派基本形成，意大利也就摆脱了“风格修复”的影响。以博伊托为代表的意大利学派的这些根本主张影响到很多国家的文物建筑修复，成为现代的建筑遗产保护理论形成的基础。

1887 年

法国政府制定了建筑保护规则，确定了文物建筑保护管理的两个级别：列为保护单位的建筑（CHM）和列入建筑遗产清查单上的建筑（ISMH）。这是法国文物建筑的分级制度，现在仍在使用。

---

[1] The eight points to be taken into consideration in the restoration of historical monuments are—— ① The differentiation of style between new and old parts of a building. ② The differentiation in building materials between the new and the old. ③ Suppression of moldings and decorative elements in new fabric placed in a historical building. ④ Exhibition in a nearby place of any material parts of a historical building that were removed during the process of restoration. ⑤ Inscription of the date (or a conventional symbol) on new fabric in a historical building. ⑥ Descriptive epigraph of the restoration work done attached to the monument. ⑦ Registration and description with photographs of the different phases of restoration. This register should remain in the monument or in a nearby public place. This requirement may be substituted by publication of this material. ⑧ Visual notoriety of the restoration work done.

20 世纪初

1905 年

德国慕尼黑市在进行城市建成区的扩展建设时制订了一份所有值得保护的住宅建筑的清单，率先提出了“整体风貌”的概念。内政部先后作出决定，保护伊萨尔河[1]两岸的风景，对城南巨大的城市广场“特勒森草坪”南侧的建筑物实行高度控制，以免它们遮挡从广场眺望阿尔卑斯山的视线。城中某些地段也实行高度控制，为的是行走在城中的人们都能抬头看见位于城市中心广场的圣母教堂[2]的塔楼。这是慕尼黑的城市特色。

1907 ~ 1913 年

法国政府在早期的文物建筑遗产保护委员会解散后，成立了专门负责文物建筑保护的“国家建筑师团”，这一保护管理制度一直沿用到今天。1914 年成立了国家建筑保护单位财政处，专门负责为文物建筑保护提供资金上的支持。

1913 年

英国政府颁布《古迹维护和修缮条例》，与《古迹保护条例》相比这是英国政府第一个落实到保护实践中、具有实际意义的保护条例。1931 年英国政府又对此条例进行了补充，增加了一个非常重要的内容，那就是授权地方政府通过编制古建筑保护规划来保护古建筑本身及其相邻地区。

英国人首次以政府法律条文的形式提出了文物建筑的“群体保护”概念，这是保护方法的重大发展。

意大利建筑师乔万诺尼[3]在其著作中论及古代城市的保护问题，并提出了“城市遗产”这个新词汇。他还对博伊托的理论进行了修改和补充。

1930 年

法国政府制定了有关自然遗产保护的立法——保护天然纪念物及富有艺术、历史科学、传奇和画境特色的地点。

1931 年

第一届“国际历史古迹建筑师及技术专家国际会议”(The First International Congress of Architects and Technicians of Historic Monuments) 在雅典召开，会议通过了《修复历史性文物建筑的雅典宪章》[4]。

《修复历史性文物建筑的雅典宪章》由“基本原则”、“关于保护历史性文物建筑的行政和立法措施”、“文物建筑的审美保护”、“文物建筑的修复”、“文物建筑的损坏”、“保护的技术”、“历史性文物建筑保护与国际合作”七个部分组成。提出了三个基本原则：

(1)“大会注意到不同国家出现的一个普遍趋势，即放弃修复，以避免修复所引起的损害，而为了保护代之以定期的和持久的系统性的维护”。

(2)“当由于坍塌或破坏而必须修复时，应该尊重过去的历史和艺术作品，不排斥任何一个特定时期的风格”。

(3)“继续使用文物建筑，可以确保其生命的延续。但是使用需尊重它们的历史或艺术

---

[1] Isar River，发源于阿尔卑斯山脉，流经奥地利和德国。从 12 世纪开始慕尼黑就是依傍此河，在其两岸形成、发展的。

[2] Frauenkirche，建于 15 世纪晚期，慕尼黑市的标志性建筑。

[3] Gustavo Giovannoni（1873 ~ 1947 年），意大利建筑师、建筑史学家、建筑评论家、城市规划师、工程师。

[4] *The Athens Charter for the Restoration of Historic Monuments*.

特性”。❶

《修复历史性文物建筑的雅典宪章》第一次以国际文件的形式确定了文物建筑保护的原则。其理论基础是意大利学派的。这也说明意大利学派的理论观点得到了国际范围内的广泛认可，成为国际性的遗产保护的指导思想。

《修复历史性文物建筑的雅典宪章》是一个对于遗产保护具有重要指导意义的国际性文件，它的重要意义在于开始确立遗产保护的观念与行动的科学规范。

1933 年

“国际现代建筑协会”（CIAM）在雅典召开会议，中心议题是“功能与城市”，专门研究建筑与城市的规划问题。所提出的会议文件即是国际现代建筑协会的《雅典宪章》。其中的第七章——“有历史价值的建筑和地区”是针对文物建筑保护的。

· 内容

——“有历史价值的古建筑均应妥为保存，不可加以破坏：(一) 确能代表某一时期的建筑物，可以引起普遍兴趣，可以教育人民的；(二) 保留下来不妨害居民健康的；(三) 在所有可能条件下，将所有干道避免穿行古建筑区，并且不增加交通的拥挤，也不妨碍城市有机的新发展。在古建筑附近的贫民窟如果有计划地清除，可以改善附近住宅区的生活环境并保护该地区居民的健康。”

1933 年

意大利制定了《文物修复宪章》❷这一意大利文物建筑保护的基本文件。

1939 年

意大利政府在罗马创立了文物修复中心，C · 布朗蒂❸是中心的第一任主任，他修订了 1933 年的《文物修复宪章》。“文物修复中心”的成立标志着意大利学派的真正创立。

布朗蒂提出了文物建筑的三个时间的概念——这三个时间分别是“原来的创作时间”、“建成后经历的历史时间”和“现在”。对文物建筑的修复，如果按照第一个时间进行，那结果只能是想象式的；如果按照第二个时间，就会抹掉部分历史；如果按照第三个时间，就意味着保存文物建筑一直携带到今天的全部真实的意义。

■ 意大利学派的理论

——文物建筑具有多方面的价值，所以保护工作不能只着眼于构图的完整或风格的纯正，而是要保存它所携带的全部历史信息。

——要保护全部的历史信息，并使其清晰可读。历史上添加、改动的部分是文物建筑的真实性的重要部分，是其生命中的积极因素。

——因为必需而补足的部分必须与原来所用的材料不同，特点不同，容易识别也容易去掉。

---

❶ ① "Whatever may be the variety of concrete cases, each of which are open to a different solution, the Conference note that there predominates in the different countries represented a general tendency to abandon restorations in toto and to avoid the attendant dangers by initiating a system of regular and permanent maintenance calculate to ensure the preservation of the buildings." ② "When, as the result of decay or destruction, restoration appears to be indispensable, it recommends that the historic and artistic work of the past should be respected, without excluding the style of any given period." ③ "The Conference recommends that the occupation of buildings, which ensures the continuity of their life, should be maintained but that they should be used for a purpose which respects their historic or artistic character."

❷ *Primera Carta del Restauro*.

❸ Cesare Brandi（1906 ~ 1988 年），意大利艺术评论家、历史学家、文物保护专家。他的主要著作有《两条道路》（*Le due vie*，1966），《批评的一般理论》（*Theoria Generale Della Critica*，1974）。

——反对片面追求恢复文物建筑的初始风格。修缮者要客观地、无个性地研究文物建筑。

——保持文物建筑的原有环境。

1943 年

法国政府制定《文物建筑周边环境法》，规定：建筑物一旦列为“保护单位”或列入“建筑遗产清查单”，其周边的环境就立即受到保护，在该建筑周围半径 500 米范围内的任何建设都有限制，还要满足文物建筑的视线通廊要求，任何可能改变文物建筑周边环境的设计都必须由国家建筑师批准。

对文物建筑周边环境的保护方式有四种：严格控制该环境中的所有建设，修复与文物建筑紧临的建筑物，保护文物建筑周边的街道、广场的空间特性（地面铺装、设施与小品……），保护周围的自然环境。

20 世纪上半叶

整个欧洲的文物经历了两次战争的惨重破坏，数不清的古老的城市和建筑部分地或全部地毁于战火。在这期间，保护活动无法真正开展，基本处于停滞状态。第二次世界大战后到 20 世纪 50 年代这段时间里，欧洲各国所面临的首要任务是医治战争创伤，保持社会的稳定，尽快恢复经济和社会生活的正常秩序，解决人们最基本的、最迫切的生活问题，要修缮及新建为数众多的住宅，还要重建城市。各个国家根据各自不同的历史发展、经济和社会条件，以及政治状况进行着重建与恢复的规划、建设活动，没有什么现成的、可以依循或参考的保护的理论、模式与方法，对于保护问题各个国家也各有各的看法，没有共识性的理论主张和具体做法。虽然在当时那种百废待兴的社会条件下，保护问题没有得到充分的认识和重视，现在来看那时的有些做法不甚科学、合理，与今天的保护观念有差异，但是这个历史阶段对遗产保护运动来说是一个非常重要的发展阶段。一方面，在各国按照恢复生活、重建民族自信心的目标进行的各种新建、修复、重建城市与城市建筑的实践活动中，对历史的恢复、重现，对历史意义的尊重和保持、延续受到了不同程度的关注与重视，并在有些城市的重建规划中得到了充分的体现。另一方面，正是这种战后城市和地区的复兴把新的概念引入到保护运动中，使保护运动的视野扩展到更宽广的领域、上升到新的高度，那就是保护的对象不再局限在单体的建筑，而是发展为建筑群体、历史地区、历史环境；文物建筑的时间跨度与类型内容也极大地扩展，不再只是包括原来的古典时期和中世纪及文艺复兴时期，而是覆盖了各个历史时期的建筑物、构造物以及产业革命以来的工业与技术建筑。“文物建筑”(Monument) 的概念容纳不下这些丰富的内容了，“文化财产”（Cultural Property）的概念开始使用。经历了这个阶段，遗产保护作为一门学科开始走向成熟，进入到它的现代发展阶段。

战后的华沙重建

波兰首都华沙在二战中遭受了毁灭性的破坏，80% ~ 90% 的地面建筑被毁，基础设施也破坏严重，城市人口从战前的 126.5 万剧减至 16.2 万。面对战后的恢复问题，波兰人选择了重建方式，不同于大多数欧洲国家的做法。1945 年 2 月，波兰政府决定在城市原址上重建华沙，成立了专门的首都重建办公室负责制定“华沙重建规划”。这样的选择主要有两方面的原因，一是为了重塑波兰的民族精神、鼓舞人民；二是考虑到实际的经济状况，在当时的条件下利用原来的街道和城市基础设施比完全的新建节省许多。重建规划对城市原有布局和结构进行了更新与改造，是新旧城市内容的结合：重建针对的是原来的城市中心区、历史建筑集中的老城。重建时对房屋内部的平面布局和卫生设备按新的生活需要进行改造和设计。一些被毁的地段开辟为绿地，正好缓解了老城中房屋拥挤、绿地面积少的问题；新建是紧临老城另建新区、作为城市的副中心区。开辟一条由北向南穿越全城的绿色地带，与流经华沙城的维斯瓦河[1]构成一个巨大的楔形绿地，将整个城市从郊区到中心区、从建筑到街区、广场结成一个有机的整体。经过四年的建设，华沙这个几乎完全毁掉了的城市获得了重生，又作为首都承担起应有的职能。华沙重建规划的根本目的是要改善城市环境、提高人民生活水平，对老城区及建筑所作的重建是结合当时的社会需求、经济状况和城市自身的历史、自然条件的结果，1980 年联合国教科文组织将“新”的华沙老城作为特例列入《世界遗产名录》，就是对华沙在解决现实与历史问题、发挥城市的历史特性在团结人民、凝聚社会方面所具有的重大文化意义的实践的肯定。

TWO

1954 年 5 月

联合国教科文组织在荷兰海牙通过了《武装冲突情况下保护文化财产公约》[2]。

《公约》强调了文化财产（Cultural Property）保护的意义和重要性——“确信对任何民族文化财产的损害亦即对全人类文化遗产的损害，因为每一民族对世界文化皆有贡献”。

《公约》对“文化财产”进行了定义——“具有重大意义的可移动或不可移动的财产。例如建筑、艺术或历史纪念物而不论其为宗教的或是非宗教的，考古遗址，作为整体具有历史或艺术价值的建筑群，艺术作品，具有艺术、历史或考古价值的手稿、书籍及其他物品……”。

20 世纪 50 年代末～ 20 世纪 60 年代

战争的破坏和创伤已经修复，各国的经济开始迅猛发展。第三产业快速增长并且聚集在城市的核心区域里，再次引发了人口和交通的集中。交通量的骤增和一系列必需的城市基础设施（各种管道、通信设备、电缆……）的建设对城市的格局和形态起了决定性的作用。道路面积的不断增加和基础设施的更新、增建促成了旧城整治活动的开始，不过这种旧城整治的目的不是“保护”，而是为了适应城市新的发展。其结果就是城市中古老的街道、地区的外部面貌与内部的结构、骨架极为迅速地起了变化。这个阶段正像法国人所说的那样，是“都市剧变时期”。

1962 年

1959 年法国文化部成立。首任部长是安德烈 · 马尔罗[3]。马尔罗于 1962 年制定了《历史性街区保存法》（又称《马尔罗法》），规定依据法律划定建筑遗产保护区，展开了对历史区域和历史环境的保护。

《历史性街区保存法》确定了两个原则：一是保护与利用建筑遗产，文物建筑及其周围环境应一起加以保护；二是保护要从城市发展的角度出发促进保护区的生存发展，保护与利用要为保护区恢复生机活力提供有效的途径，所以保护、改造、利用都是可以采用的方式。具体的实施是通过编制保护区的“保护与价值重现规划”，在保护区内这是唯一有效的规划文件。

1960 年开始～ 1980 年

埃及东南部阿斯旺高坝（Aswan High Dam）的修建导致尼罗河水位升高，将使位于尼罗河岸边的阿布辛拜勒—菲莱的努比亚遗址（Nubian Monuments from Abu Simbel to Philae）永远沉入水底。努比亚遗址集中体现了数千年来的古代建筑艺术，这艺术伴随着地中海盆地和

---

[1] Vistula River，也作维斯杜拉河。

[2] *The 1954 Hague Convention for the Protection of Cultural Protection in the Event of Armed Conflict*.

[3] André-Georges Malraux（1901 ～ 1976 年），法国作家、冒险家、政治家。作为作家曾被提名诺贝尔文学奖候选人，其代表作 *La Condition Humaine*（*Man's Fate*）获得 1933 年的法国龚古尔奖（Prix Goncourt）。先后被任命为法国信息部、国务部部长（Minister of Information（1945 ～ 1946 年），Minister of State（1958 ～ 1959 年）），在戴高乐（General Charles de Gaulle）任总统期间（1959 ～ 1969 年）成为法国首位文化部部长（Minister of Cultural Affairs）。马尔罗在十年的任期中推出了一系列文化保护政策，为法国现行的文化政策奠定了坚实的基础。

尼罗河谷各种文明的相继兴起而蓬勃发展。遗址包括兴建于不同历史时期的、艺术风格各异的多处寺庙建筑群、陵墓以及祭台等。

其中最雄伟的是阿布辛拜勒（Abu Simbel）的大庙（The Great Temple）——供奉太阳神阿蒙（Amun）、哈托尔女神（Ra–Harakhty）和众神之父卜塔（Ptah）的庙，它们都在尼罗河西岸的砂石峭壁上雕凿出来，均建于公元前13世纪中叶。大庙由三个相连的大厅组成，深入到崖壁内部。庙前有四座拉美西斯二世法老的巨大石像。

即将被淹没的命运使阿布辛拜勒—努比亚遗址的价值受到全世界的瞩目，联合国教科文组织发起了拯救努比亚的呼吁。拯救工程于1964年开始，在将近20年的时间里，由24个国家的考古学者组成的考察团勘察了受湖水威胁的区域，先后经过40多次大规模的拯救工程，将22座庙宇切割、拆装后转移到高坝附近经过严格方位测定和计算的高地上，然后按原样重建。

迁建工程尽量保存原来的信息，比如阿布辛拜勒大庙迁建后就成功地保持了原来的方位，同原来一样，每年的春分和秋分日，太阳光恰好可以穿过56m深的岩洞照射在洞中供奉的太阳神的雕像上。

1964年5月

1947年由联合国教科文组织领导成立的“国际古迹理事会”（International Council of Museums）在威尼斯召开第二次大会，改名为“国际古迹遗址理事会”（International Council of Monuments and Sites）。大会通过了《国际古迹保护与修复宪章》[1]，即《威尼斯宪章》。《威尼斯宪章》重申了1931年第一次大会通过的《雅典宪章》在考古学基础上提出的关于文物建筑的价值观念和保护方法与原则。它的理论来源主要是意大利学派的思想观念，在基本概念和具体规定上更加全面、更加明确、更加严谨。其内容反映出现代保护运动的工作重心和方向从文物建筑向文物建筑与历史地区并重转变。

《威尼斯宪章》的诞生是遗产保护运动发展中的一个里程碑，它确定了建筑遗产保护的观念和行为的科学规范，标志着遗产保护运动步入成熟并受到国际范围内的普遍重视。同时，它也成为国际古迹遗址理事会的奠基性文献。由于国际古迹遗址理事会在日后的发展中逐渐居于国际性的建筑遗产保护的主要专业技术咨询者的地位，《威尼斯宪章》遂成为世界范围内建筑遗产保护的“宪法”性文件。

1967年

英国政府颁布了《城市环境适宜性条例》[2]。在这个条例中第一次以法律的形式明确提出了“保护区”（conservation areas）的概念。要求各地方政府列出具有特殊建筑或历史意义的区域并命名为保护区。

《条例》规定要将具有特色和特殊价值的地区作为一个整体来加以保护，而不是仅仅保护其中某一个特定的建筑物。作为指定保护区的组成部分的建筑物，就单体来说可能很普通，只要它们有助于形成保护区的建筑及历史特征，那么“它们的特点和外观是值得去保存和加强的”[3]。除建筑物之外，区域中的道路、景观、树木和绿地、街道的外立面、街道上的设施、区域内所用建筑材料的特点、多样的功能等，都是构成保护区某种特定的建筑或历史特征的要素，都须

---

[1] *International Charter for the Conservation and Restoration of Monuments and Sites*.

[2] *Civic Amenities Act 1967*. 1990年，该条例被修改后的新条例（*Civic Amenities Act 1990*）所取代。现在英国全国的保护区已超过8000处。

[3] 原文为“the character or appearance of which it is desirable to preserve or enhance”。

加以保持和维护。

1968 年 11 月

联合国教科文组织在巴黎召开第 15 届大会，通过了《关于保护受到公共或私人工程危害的文化财产的建议》[1]。

建议更清晰地定义了“文化财产”的概念[2]，它包含两个方面——不可移动文化财产（传统建筑物及建筑群，历史住区，地上及地下的考古或历史遗址，和与它们相关联的周围环境）和可移动文化财产（埋藏于地下的和已经发掘出来的，以及存在于各种不可移动的文化财产中的物品）。

这个建议的产生反映了工业的发展和城市化进程以及道路、桥梁、水利、动力管线等相关工程建设对文化财产的安全存在构成的威胁已日益严重，必须采取及时有效的手段来保护和抢救那些处于危险中的文化财产。

《建议》向成员国规定了立法、财政、行政措施及教育计划，还有“保护和抢救文化财产的程序”。对于不可移动的文化财产，强调“就地保护”的原则。

《建议》中很重要的一点是包含有“整体保护”的概念，在不可移动文化财产的定义中就体现了出来——强调文化财产的相关环境也是文化财产的组成部分。在“总则”部分进一步说明了传统的建筑群具有整体的文化价值，迁移或拆除历史住区周围一些不甚重要的建筑物会“破坏历史关系和历史住区的环境”。对于不可移动文化财产的“就地保护”原则也是基于这种整体保护观念提出的。

20 世纪 70 年代

在 20 世纪 60 年代的经济高速增长阶段，人们普遍认为，随着经济条件的好转、收入的不断增加、余暇时间越来越多，城市将会向着高度技术化的全新的未来发展。但是 20 世纪 70 年代的“石油危机”改变了这一状况，人们开始认识到“增长的极限”是不可避免的。20 世纪 60 年代中随着科学技术的快速发展，城市建成区不断地向外扩展所带来的各种环境问题——空气和水体的污染，植被的消失，城市的拥挤、噪声、温室效应、高能耗……渐渐受到公众的普遍关注。而此前环境问题只是少数专业人士关心的事情。环境的迅速改观不再是那么令人欢欣鼓舞的事了。

对环境问题的关注和思考也引发了对历史遗留下来的城市和建筑的价值的重新认识和评价。而且在此之前人们只是保护 19 世纪以前形成的建筑物，经过 20 世纪 70 年代，19 世纪以后的建筑、居住街坊、街巷也开始受到重视。因为人们首先发现了这些旧建筑可以为中低收入的城市居民提供住房这一实用功能方面的价值。

就在这个时期，现代主义建筑开始受到批评，被认为是单调枯燥的、没有想象力的。过去的历史建筑所形成的城市构图、景观效果又被想起。而后现代主义文化风潮恰在此时挥起历史

---

[1] Recommendation Concerning the Preservation of Cultural Property Endangered by Public or Private works.

[2] 《关于保护受到公共或私人工程危害的文化财产的建议》："一　定义　1. 为本建议之目的，'文化财产'一词适用于：(1) 不可移动之物体，无论宗教的或世俗的，诸如考古、历史或科学遗址、建筑或其他具有历史、科学、艺术或建筑价值的特征，包括传统建筑群、城乡建筑区内的历史住宅区以及仍以有效形式存在的早期文化的民族建筑。它既适用于地下发现的考古或历史遗存，又适用于地上现存的不可移动的遗址。文化财产一词也包括此类财产周围的环境。(2) 具有文化价值的可移动财产，包括存在于或发掘于不可移动财产中的物品，以及埋藏于地下、可能会在考古或历史遗址或其他地方发现的物品。2. '文化财产'一词不仅包括已经确定的和列入目录的建筑、考古及历史遗址和建筑，而且也包括未列入目录的或尚未分类的古代遗迹，以及具有艺术或历史价值的近代遗址和建筑。"

的旗帜，虽然他们既不系统、也不严肃地使用历史上的建筑式样和建筑语言，但却更使人感受到现代主义建筑在满足人的视觉享受和美学要求、制造新鲜感和多样性方面与历史上的建筑存在的巨大反差。

在这样的社会背景下，遗产保护运动进入了蓬勃发展的时期。

20 世纪 70 年代

法国开始保护一批重要的法国现代主义建筑师们的作品，这些现代主义的建筑大师包括 H · 居马德（Hector Guimard，1867 ~ 1942 年）、A · 佩雷（Auguste Perret，1874 ~ 1954 年）、C · 加尼埃尔（Jean-Louis-Charles Garnier，1825 ~ 1898 年）、勒 · 柯布西耶（Le Corbusier，1887 ~ 1965 年）。

法国文化部还发起了对 19 ~ 20 世纪建筑遗产的系统化保护。工业建筑也开始被承认为建筑遗产的一个类型。

1971 年

英国开始建立“保护官员”制度。古城切斯特市（Chester）有了历史上第一个保护官员。其工作就是使建筑物的所有者、建筑承包商和手工艺者在共同保护这座城镇的基础上相互沟通。在第一任保护官员及其后继者的努力下，切斯特城的保护工作有了很大的进展，包括废弃土地的赎回、重要地段的重新规划和修复、遗弃建筑物的整修与重新利用、开放全英国第一个遗产中心、为公众举行专题讲座并开展相关的讨论、创办保护杂志，培育和引导市民的正确建设态度。在古城设置“保护官员”的做法英国政府一直沿用至今。

1972 年 11 月 16 日

联合国教科文组织在巴黎召开第 17 届会议，为了组织和促进各国政府及公众在世界范围内采取联合的保护行动，通过了《保护世界文化和自然遗产公约》[1]，也称为《世界遗产公约》（The World Heritage Convention）。公约于 1975 年 12 月 17 日开始生效。

· 基础

——《世界遗产公约》的产生是通过国际合作共同保护世界范围内的人类遗产的意识逐渐增强的结果。遗产保护不再是一个国家、一个地区、一个民族的事情，而应是全人类共同的责任和义务。联合国在国际事务中的作用和地位是这种国际合作得以展开的前提条件。

——各国的保护实践与理论成果是实施遗产保护的国际合作的基础。而阿布辛拜勒神庙的易地迁移这一因国际合作使原本受制于经济、技术等条件无法进行的保护工程得以实现的重要事件使人们看到了国际合作进行遗产保护的可行性、所取得的令人鼓舞的结果和重大的意义。

——《世界遗产公约》把世界遗产划分为文化遗产（cultural site）、自然遗产（natural site）和文化自然双重遗产（mixed cultural and natural site）三个基本类型（1992 年又增加了文化景观（cultural landscapes）这一类型）。这就是《世界遗产公约》的根本特点，即将自然的保护与人类文化的保护作为一个不可分的整体联系起来，十分清楚地表明了自然与人文相互依存、相互融合、共同发展这一遗产保护的基本出发点。1965 年美国华盛顿召开的一次白宫会议发出了建立“世界遗产信托基金”的倡议，首次提出把自然风景区和历史遗迹的保护工作结合起来。1968 年“国际自然和自然资源保护联盟”[2]也向其成员国发出了这样的建议。1972 年联合国人类环境的斯德哥尔摩会议对这些建议加以讨论，并最终在 1972 年形成《世界遗产公

---

[1] *The Convention Concerning the Protection of the World Cultural and Natural Heritage*.

[2] IUCN——The International Conservation of Nature and Natural Resources，成立于 1948 年。

约》的文本。

· 主旨

——“通过提供集体性援助来参与保护具有突出的普遍价值的文化和自然遗产”，并且“建立一个根据现代科学方法制定的永久性的有效制度。”

· 主要内容

——定义了“文化遗产”和“自然遗产”。

——敦促、要求各缔约国担负起保护领土内的各类遗产的责任，成立负责保护工作的专门机构，要制定相应的法律、科学、技术、财政措施，开展与保护相关的科学研究和技术研究。

——要求各缔约国通过教育、宣传，增加本国人民对世界遗产及其保护工作的关注和了解。

——成立“世界遗产委员会”[1]这一政府间组织，领导世界遗产保护的具体工作。世界遗产委员会依据各缔约国提交的文化、自然遗产的清单，遴选形成《世界遗产名录》[2]，并根据各缔约国的申请每年增加新的世界遗产项目。1992年在世界遗产委员会下又成立了“世界遗产中心”[3]负责日常的管理工作。

在紧急需要时，世界遗产委员会制定《濒危世界遗产名录》[4]，用于保护《世界遗产名录》中那些受到特殊危险威胁的项目，这是一种保护的预警系统。

设立“世界遗产基金”[5]，这项信托基金用于各种方式的国际合作和援助项目。

——任何缔约国都可以要求对本国领土内的、具有突出的普遍价值的遗产给予国际援助。援助内容包括人员上的支持（提供专家、技术人员、熟练工人，帮助培训专业人员），提供设备，提供资金（低息或无息贷款，或无偿补助金）。

· 专业咨询机构

——三个不隶属于联合国教科文组织的、非政府的权威专业机构为世界遗产委员会提供专业的咨询服务：

（1）国际古迹遗址理事会：协助世界遗产委员会评价和选择可以列入《世界遗产名录》的文化遗产。

（2）国际自然和自然资源保护联盟：负责提出有关自然遗产地的选择和保护的建议。并和国际古迹遗址理事会共同负责文化景观的评定工作。

（3）国际文物保护与修复研究中心（ICCROM）[6]：负责提供有关文物保护和技术培训的专业建议。

· 意义

——《世界遗产公约》确立了保护的国际性合作的新概念和新方式。编制《世界遗产名录》的工作使我们得以知道现有的各类文化与自然遗产的数量和丰富多彩，使我们真实具体地理解文化的多样性，体会到这些遗产是人类创造才能的见证和对于人类的存在与发展的重大意义，看到世界上不同地方的文化彼此关联、相互促进、和谐共生。

---

[1] 即 WHC——World Heritage Committee。

[2] *World Heritage List*.

[3] World Heritage Center。

[4] *The List of World Heritage in Danger*.

[5] World Heritage Fund.

[6] The International Center for the Study of the Preservation and Restoration of Cultural Property，由联合国教科文组织创建于1965年，总部设在罗马。

——《世界遗产公约》以国际协作、支持和援助的方式把现代遗产保护运动扩展到更多的地区、更多的国家，使遗产保护的概念和思想开始深入人心。并强调了国家作为遗产保护工作的行为主体所具有的地位和作用。《世界遗产公约》与此前及以后的其他关于遗产保护的国际文件为遗产保护事业的发展起了重要的推动作用，积极促进了各国的遗产保护与管理水平的提高。

1975 年

欧洲议会（European Parliament）为了复兴处于萧条、衰退中的欧洲的古老城市、保护城市文化遗产、促进各国间的文化交流，发起了"欧洲建筑遗产年"活动。1975 年 10 月，欧洲建筑遗产大会在阿姆斯特丹（Amsterdam，Netherlands）召开，大会发表了《阿姆斯特丹宣言》❶，并宣布了已获欧洲议会部长委员会通过的《建筑遗产欧洲宪章》，强调建筑遗产是"人类记忆"的重要部分，为人类提供了均衡和完善生活所不能缺少的环境条件❷。

1976 年 11 月

联合国教科文组织第 19 届大会在肯尼亚首都内罗毕(Nairobi,Kenya)召开。大会通过了《关于保护历史和传统建筑群及其在现代生活中的地位的建议》❸，即《内罗毕建议》。

《内罗毕建议》的核心思想是"整体保护"，这是建立在 20 世纪 70 年代欧洲议会举行的一系列会议、讨论会的基础上的。它的形成表明整体保护的概念已经趋于成熟，遗产保护工作已经转入整体保护的新的发展阶段。

· 主要内容

——《内罗毕建议》定义了历史地区的概念和包含的类型（参见表 1–1）。强调历史地区在社会方面和实用方面所具有的普遍价值。因为历史地区不仅"是人类日常环境的组成部分"，与人们朝夕相处，而且"为世世代代的文化、宗教及社会活动的丰富多彩提供了最实际的证明"。但是这些历史地区在现今的社会、经济条件下正面临退化、衰败，或者被废弃、被拆毁的危险。即使它们自身没有出现这样的问题，大规模、高密度的现代城市建设、在历史地区的邻近地区进行的土地开发同样会破坏它们的环境和景观。

· 提出保护历史地区的原则

——要保护它们就要从根本上解决问题，那就是把历史地区的保护作为城镇规划政策必不可少的一部分，把历史地区的保护同现代的社会生活相结合。保护的最终目标是使它们"与当代生活融为一体"；历史地区是由多个组成要素（包括人类的活动、建筑物、空间结构、周围环

---

❶ 《阿姆斯特丹宣言》提出了以下重要结论和建议："如果我们要维持或者创造一个环境，使个体的人能发现他们自己的特色，并在突发的巨大社会变化面前感到安全，那么必须保护环境的历史连续性。""历史建筑能被赋予新的适应当代生活需求的功能……""保护需要艺术家和高水平的手工艺人，他们的天才和知识必须得以保存，而且要传下去。""现有房屋的修复有助于控制农业土地的蚕食，避免或明显地减少人口流动，这也是保护政策的一个很重要的优势。""保护建筑遗产必须作为基础研究的主要课题和所有教育课程和文化发展计划的一大要点。""交通、就业政策和城市活动中心的更合理的分布可能对建筑遗产的保护有重要影响。""保护政策也意味着建筑遗产融进社会生活。""整体保护必须采用法律的和行政的措施……需要正确的经济手段"。

❷ 《建筑遗产欧洲宪章》提出了以下主要原则："1. 欧洲建筑遗产不仅包括我们最重要的纪念性建筑，还包括在我们旧城镇内日渐减少的建筑群和那些自然与人造环境中有特色的村庄；2. 过去，具体体现在建筑遗产中，提供了一种对平衡和完善的生活必不可少的环境；3. 建筑遗产是不可取代的具有精神、文化、社会和经济价值的财产；4. 历史中心的建筑物和场地有助于建立和谐的社会平衡；5. 建筑遗产在教育中起着很重要的作用；6. 这个遗产处在危险中；7. 整体保护防止这些危害；8. 整体保护依赖于法律的、行政的、经济的、技术的支持。"

❸ *Recommendation Concerning the Safeguarding and Contemporary Role of Historic Areas*。此中文名称来自联合国教科文组织发布的中文版文件。下文中所引内容均来自此文件。

境……）构成的、具有凝聚力的整体。每一个组成要素都赋予整体某种特征，对于整体都有不可忽视的意义，都是保护的对象；维护与保持历史地区的真实性和美学特征、景观特征是保护工作的主要内容。

· 提出保护措施

——具体的保护措施包括立法及行政措施（制定保护政策和法规，编制保护计划和文件，成立专门的权力机构和多学科的专业工作组），技术、经济和社会措施，进行关于保护的研究、学习、交流以及国际合作。

· 意义

——《内罗毕建议》提出之后，与《威尼斯宪章》一样，成为遗产保护的纲领性文件。它们都提出了现代遗产保护工作的指导性原则，只是各有侧重：《威尼斯宪章》主要是针对单体的文物建筑及考古遗址的保护的，它产生的时候历史地区的保护工作还处在初级阶段，所以没有形成理论性的成果；《内罗毕建议》则是专门针对历史地区、历史建筑群的保护的，是对前者所确定的原则与标准的补充和扩大。由于历史地区的保护涉及复杂的社会、经济、技术等多方面的问题，它在内容上比较具体，提出了很多针对实际问题与矛盾的措施和要求。

1977 年 12 月

一些城市规划师在秘鲁首都利马（Lima，Peru）制定了继《雅典宪章》之后第二个关于城市规划的理论与方法的国际文件。这个文件以古老的拉丁美洲文化遗址马丘比丘（Machu Picchu）命名，称为《马丘比丘宪章》[1]。此宪章是对 1933 年的《雅典宪章》的更新和改进，以适用于变化了的社会条件。其中第八部分是“文物和历史遗产的保存和保护”。

· 内容

——“城市的个性和特性取决于城市的体形结构和社会特征。因此不仅要保存和维护好城市的历史遗址和古迹，而且还要继承一般的文化传统。一切有价值的说明社会和民族特性的文物必须保护起来。保护、恢复和重新利用现有历史遗址和古建筑必须同城市建设过程结合起来，以保证这些文物具有经济意义并继续具有生命力。在考虑再生和更新历史地区的过程中，应该把设计质量优秀的当代建筑包括在内。”

1979 年 8 月

国际古迹遗址理事会澳大利亚委员会在巴拉（Burra，Australia）通过了《关于有文化意义的场所保护的国际古迹遗址理事会澳大利亚宪章》（简称为《巴拉宪章》）[2]。

《巴拉宪章》在“序言”中首先明确了保护“具有文化意义的场所”的目的，“具有文化意义的场所丰富了人们的生活，提供了与社区和景观、与过去的和现在的体验的更深层次的、有激发意义的联系。它们是历史记录，作为澳大利亚的认同与体验的物质性表达是重要的。具有文化意义的场所反映了我们社会的多元性……它们是不可替代的、珍贵的”[3]。对于“具有文化

---

[1] *The Charter of Machu Picchu*.

[2] *The Australia ICOMOS Charter for the Conservation of Places of Cultural Significance*（*The Burra Charter*）. 《巴拉宪章》通过后，分别于 1981 年 2 月、1988 年 4 月、1999 年 11 月通过了修正案。

[3] "Places of cultural significance enrich people′s lives, often providing a deep and inspirational sense of connection to community and landscape, to the past and to lived experiences. They are historical records, that are important as tangible expressions of Australian identity and experience. Places of cultural significance reflect the diversity of our communities, telling us about who we are and the past that has formed us and the Australian landscape. They are irreplaceable and precious."

意义的场所”、对保护的各种方法都进行了明确的定义，并提出了保护具有文化意义的场所的原则。

· 主要内容

——定义“具有文化意义的场所”：

(1)“场所”指用地、区域、土地、景观、建筑物或其他，建筑群或其他，也可能包括构件、体块、空间和景色[1]。

(2)“文化意义”指对过去、现在和后代具有艺术的、历史的、科学的、社会的或精神上的价值[2]。

——定义了“保护”并阐释了具有文化意义的场所的基本保护方法，这些方法有维护（Maintenance）、保存（Preservation）、重修（Restoration）、重建（Reconstruction）、改造（Adaptation）和使用（Use）：

(1)“保护指为保持一个场所的文化意义而照料它的所有过程。”[3]

(2)“维护”是对一个场所的组成结构及其环境给以持续的、防护性的照顾；“保存”指维持场所的组成结构及其环境的现状并减缓其衰败；“重修”是指将场所的现有组成结构和环境通过去除添加部分或重组现有组成部分的方式恢复到已知的较早时期的状态；而“重建”也是为了恢复到已知的较早时期的状态，二者的不同之处在于“重建”可以使用新的材料，而“重修”不能加入新的材料，只能利用现有的材料和组成部分；“改造”则意味着修改一个场所来满足现有的或某种特定的使用需求；“使用”指一个场所的功能，也就是在这个场所中发生的行为和活动。

——保护原则：

(1) 保护的目标是保持场所的文化意义。

(2) 保护基于对现有组成结构、用途、关联和意义的尊重。只有在必需的情况下才加以改变，并且改变要尽可能地少。

(3) 保护要首先选择传统的技术和材料。在某些条件下现代技术和材料也是适宜的，但它们必须经过实践验证。

《巴拉宪章》一方面秉承了《威尼斯宪章》的精神，另一方面又进一步发展——扩大了文化遗产的范围，小到建筑部件，大到建筑群、城镇区域；强调多方面、多角度的文化意义，而不再局限在艺术、历史、科学三个方面；对《威尼斯宪章》提出的保护方法和保护原则作出了更深入、更系统的阐明。

1982年

1981年5月，国际古迹遗址理事会与国际景观建筑师联盟在佛罗伦萨（Florence，Italy）举行会议，制定了保护历史园林（Historic Gardens）的宪章，以古城佛罗伦萨命名。1982年12月，《佛罗伦萨宪章》[4]被国际景观建筑师联盟通过，作为《威尼斯宪章》的附件生效。

《威尼斯宪章》的内容中没有将历史园林包括在内，《佛罗伦萨宪章》即是对此的补充。因此《佛罗伦萨宪章》是以《威尼斯宪章》的总体精神为原则的，是在它所确立的理论框架内结合历史

---

[1] "Place means site, area, land, landscape, building or other work, group of buildings or other works, and may include components, contents, spaces and views."

[2] "Cultural significance means aesthetic, historic, scientific, social or spiritual value for past, present or future generations."

[3] "Conservation means all the processes of looking after a place so as to retain its cultural significance."

[4] *The Florence Charter*.

园林的特殊性而制定的。这种特殊性是由历史园林的主要构成要素之一的植物所赋予的生命力，历史园林是活的建筑遗产——“历史园林的面貌反映着季节循环，自然荣枯与艺术家和工匠们希望使之恒久不变的愿望之间的反复不断的平衡”。所以，保护历史园林的最基本的方法就是持续不断地、精心地保养和维护历史园林所在的物质环境的生态平衡（特别要注意园林内、外各类基础设施、服务设施和游览设施对生态平衡会造成的不良影响）。精心的保养一方面是日常的养护，另一方面是对新陈代谢的各种植物要素进行有计划的更新以使历史园林的总体面貌保持在一个成熟的、稳定的、健康的状态。

1983 年

法国开始实行建筑遗产保护的新方法——划分“风景和建筑遗产保护区”(ZPPAUP)。

进入 20 世纪 80 年代以来，法国开展了对近现代建筑遗产的保护工作。受到保护的建筑遗产的类型更加丰富，增加了工业建筑、铁路建筑、纪念性场所（如艺术家、作家故居之类……）、城市交往建筑（如咖啡馆……）。

1984 年，成立了历史—考古—人种学的文物建筑遗产的地方委员会（COREPHAE）这一新的保护机构。

1985 年

从这一年开始欧共体（European Community）每年指定一座欧洲文化城市（当年第一座欧洲文化城市是雅典），以这种方式提示人们关注这些具有不同历史与特征的城市以及各自的城市文化，如何合理地保护它们。

1987 年 1 月

联合国教科文组织的“世界遗产委员会”在 1986 年的会议上制定了《实施世界遗产公约操作指南》[1]（于次年公布)。《实施世界遗产公约操作指南》总结了《威尼斯宪章》实施几十年来保护工作所取得的科学成果，对文化遗产（cultural site）的概念、价值、意义和保护文化遗产的目的及原则、《威尼斯宪章》的理论价值进行了清晰的阐述和说明，并且再次明确了保护工作的目的、意义和今后的工作方向。

《实施世界遗产公约操作指南》的主要内容包括：

· 文化遗产的重要性

——《实施世界遗产公约操作指南》在导言部分就提出了“文化的认同”(identity）和“文化的多样性”(diversity）这两个关于人类自身文化发展与延续的非常重要的问题。从文化的广度和高度重申文化遗产的不可缺少性——“文化遗产的重要性在于它巩固了个人的和国家的文化趋同性”，“文化认同是一种归属感，它是由体现环境的许多方面引起的，它们使我们想起当今的世界与历史的世世代代之间的联系”。

· 文化遗产的价值

——真实性，情感价值，文化价值，使用价值。

保护文化遗产对于保护当今各国的文化认同具有重大的意义。

· 保护原则

——最低程度的人为干预，人为的干预措施应是可逆的、可识别的……这些保护原则基本

---

[1] *Operational Guidelines for the Implementation of the World Heritage Convention*. “世界遗产委员会”根据实际情况每隔几年就制定新的《指南》，最早的指南于 1977 年制定，在 1987 年的《指南》之后还有 1988 年、1980 年和 1983 年的《指南》。最新的《指南》是 2008 年的。

上仍是以意大利学派的理论为框架的。

· 对于《威尼斯宪章》

——《实施世界遗产公约操作指南》指出这仍是遗产保护的纲领性文件，它所提出的原则是有普遍意义的，并且随着社会条件的变化它还会继续变化和发展。各国应该依据《威尼斯宪章》、结合实际情况制定自己国家的保护章程。

《实施世界遗产公约操作指南》从1987年第一次制定至今随着遗产保护运动的发展变化在不断进行着修订。

1987年10月

国际古迹遗址理事会第8届全体大会在华盛顿（Washington，USA）通过了《保护历史城市与城市化地区的宪章》[1]，也称为《华盛顿宪章》。这是关于历史城市保护的最重要的国际文件，是历史城市和历史地区的保护工作开展多年以后的经验的全面总结。

《华盛顿宪章》在“历史地区”的基础上提出了“历史城市”(Historic Towns)，把“整体保护”的概念加以扩大和提升。明确了“不论是经历了时间逐渐地形成的，还是精心创造出来的，所有的城市都是社会的多样性在历史中的表达”[2]这一城市具有的作为人类记忆的见证者和物质载体的基本属性。

· 基本原则

——《华盛顿宪章》确立了保护历史城市及地区的基本原则，“为了最大限度地生效，历史城市和地区的保护应该成为社会和经济发展的整体政策的组成部分，并列入各个层次的城市规划和管理计划中去”[3]。

强调历史城市和地区与生活其中的居民的难以分离的联系，“保护历史城市和地区首先关系到它们的居民”[4]。保护的对象不只是历史城市和地区，更应该包括它们的居民的生活。

· 保护方法

——对历史城市和地区内的建筑物进行经常的维修。改善住宅，这同时也是保护的基本目的之一。

——新增加的功能活动与基础设施网络要与历史城市或地区的特点相符合。为使历史城市和地区适应于现代生活，可以谨慎地设置或改进公共服务设施。

——具有当代特点的新建筑因素只要与原有环境和谐就是受欢迎的，它们能为所在地区增添光彩。

——必须严格控制历史城市和地区内的汽车交通，区域性的道路不能穿越历史城市或地区，但是要使进入历史城市和地区的交通方便。

——必须采取抵抗和预防自然灾害及人为侵害的防卫性措施。

---

[1] *Charter for the Conservation of Historic Towns and Urban Areas*.

[2] "PREAMBLE AND DEFINITIONS All urban communities, whether they have developed gradually over time or have been created deliberately, are an expression of the diversity of societies throughout history."

[3] "PRINCIPLES AND OBJECTIVES 1. In order to be most effective, the conservation of historic towns and other historic urban areas should be an integral part of coherent policies of economic and social development and of urban and regional planning at every level."

[4] "PRINCIPLES AND OBJECTIVES 3. The conservation of historic towns and urban areas concerns their residents first of all."

——通过从学龄开始的教育计划使当地居民参与到保护工作中。他们的积极参与是保护工作获得成功的前提条件；采取适当的经济手段激励保护工作。

《华盛顿宪章》的产生表明历史城市和地区的保护与人的生存、发展的不可分割的关系通过各国多年来的实践工作已逐渐形成为共识，历史城市和地区保护应坚持的人本主义立场已经确立。

在基本原则和精神上，《华盛顿宪章》与《威尼斯宪章》是完全一致的，并且它们都注重原则性和指导性，没有过多涉及具体的保护措施和手段。

1990 年 10 月

国际古迹遗址理事会第 9 届全体大会在瑞士洛桑（Lausanne，Switzerland）通过了《关于考古遗产的保护与管理宪章》[1]。此宪章定义了“考古遗产”的概念——“考古遗产是依据考古方法提供主要信息的物质遗产，它包括人类生存的各种遗迹，由与人类活动的各种表现有关的地点、被遗弃的建筑物、各种各样的遗迹（包括地下的和水下的遗址）以及与它们相关的各种文化遗物组成”[2]；提出了对于考古遗产的整体保护政策，即考古遗产的保护政策必须作为土地利用和开发计划以及文化环境和教育政策的整体组成部分，纳入到国际的、国家的、区域的以及地方一级的规划政策当中；强调了“就地保护”的原则，对考古遗产的任何一个组成部分都应该遵循就地保护的原则[3]。

1994 年 11 月

世界遗产委员会第 18 次会议在日本古都奈良（Nara，Japan）召开。会议以《实施世界遗产公约操作指南》中的“真实性”问题为主题展开了详尽的讨论，形成《关于真实性的奈良文献》[4]，简称为《奈良文献》。

《奈良文献》的制定是为了对文化遗产的“真实性”概念以及在实际保护工作中的应用作出更详细的阐述。它是根据《威尼斯宪章》的精神，并结合当前世界文化遗产保护运动发展的状况形成的。

· 主要内容

——在《实施世界遗产公约操作指南》所阐明的文化多样性的基础上进一步强调了文化多样性对人类发展的本质性意义。

——“真实性”是决定遗产价值的基本因素。对“真实性”的理解直接影响到文化遗产的保护、相关的科学研究，还有《世界遗产公约》的实际执行情况。

——因文化的多样性而产生了文化遗产的多样性，这些多样性都应该受到尊重。文化的多样性使文化遗产真实性的判定不可能有固定的标准，要在遗产所属的文化语境中去评价其真

---

[1] *Charter for the Protection and Management of Archaeological Heritage*.

[2] "Article 1—The 'archaeological heritage' is that part of the material heritage in respect of which archaeological methods provide primary information. It comprises all vestiges of human existence and consists of places relating to all manifestations of human activity, abandoned structures, and remains of all kinds (including subterranean and underwater sites), together with all the portable cultural material associated with them."

[3] "Article 6—The overall objective of archaeological heritage management should be the preservation of monuments and sites in situ ... Any transfer of elements of the heritage to new locations represents a violation of the principle of preserving the heritage in its original context."

[4] *The Nara Document on Authenticity*.

实性[1]。

——指出了用以判定“真实性”的各方面信息：形式与设计，材料与物质，使用与功能，传统与技术，位置与环境，精神与感受，以及内部和外部的其他因素[2]。

1995 年

法国对 20 世纪的建筑遗产保护工作进行总结，认为积极的保护是赋予建筑遗产新的用途。并提出此后的新的工作重点——清查 1945 ~ 1975 年间的建筑遗产。这表明建筑遗产界定标准的时间差值已经缩小到了 20 年；另一个工作重点是建立文物建筑确定和保护区划分的科学标准。

1996 年 10 月

国际古迹遗址理事会第 11 届全体大会在保加利亚首都索菲亚（Sofia，Bulgaria）召开。大会通过了《关于水下文化遗产的保护与管理宪章》[3]。这是针对水下文化遗产及其环境的特殊性提出的，是对 1990 年国际古迹遗址理事会《关于考古遗产的保护与管理宪章》的补充。《关于水下文化遗产的保护与管理宪章》定义了“水下考古遗产”（Underwater Cultural Heritage)，是指“位于水下环境中或者已经远离水下环境的考古遗产”，包括“被淹没的遗址和建筑物，已毁遗址和残存物，以及它们的考古的与自然的环境”。水下文化遗产的一个突出特点是其所在地点往往位于国际区域，距离其出发地或目的地很远，具有国际性。《关于水下文化遗产的保护与管理宪章》指出了水下文化遗产的价值，提出了水下文化遗产保护的基本原则，以及财政保障、国际协作等方面的具体要求。

1999 年 10 月

国际古迹遗址理事会第 12 届全体大会在墨西哥（Mexico）通过了《国际文化旅游宪章》[4]。在旅游业快速发展的当下，该宪章提出了遗产旅游及其管理过程中的遗产保护的原则与方法。并且提出了遗产旅游的一套评估标准及运用、实施宪章的具体办法。宪章首先对“遗产”概念进行了定义（参见表 1–1），然后全面阐释了旅游和文化遗产之间的关系，即旅游是文化交流的主要媒介，而旅游的主要吸引力来自于遗产及其多样性。

· 主要原则

——应该为遗产地社区居民和旅游者提供负责任的和管理良好的机会，使他们可以直接体验并理解遗产。

——遗产地和旅游的关系是多变的，应该以可持续的方式处理二者的关系。

——遗产地社区居民和原住民应该参与保护和旅游规划。

——旅游和保护活动应使社区居民受益。

---

[1] "Cultural Diversity and Heritage Diversity. It is thus not possible to base judgements of values and authenticity within fixed criteria. On the contrary, the respect due to all cultures requires that heritage properties must considered and judged within the cultural contexts to which they belong."

[2] "Values and authenticity. Aspects of the sources may include form and design, materials and substance, use and function, traditions and techniques, location and setting, spirit and feeling, and other internal and external factors."

[3] *Charter on the Protection and Management of Underwater Cultural Heritage*.

[4] *International Cultural Tourism Charter*（*Managing Tourism at Places of Heritage Significance, 1999*）。

——旅游推广计划应该保护和强化自然与文化遗产的特征❶。

1999年10月

■ 国际古迹遗址理事会第12届全体大会除《国际文化旅游宪章》之外还通过了《关于乡土建筑遗产的宪章》❷。由于文化的同一化和社会经济转型，世界各地的乡土建筑都非常脆弱，为保护乡土建筑遗产提出了此宪章，也作为《威尼斯宪章》的补充。

· 主要内容

——乡土建筑的认定标准：社区共有的一种建造方式；一种与环境相适应的、可识别的本地或区域特征；风格、形式和外观的一致，或者使用传统的建筑形制；以非正式的方式传承下来的设计与施工的传统技能；一种对功能的、社会的和环境的制约的有效回应；一种对传统建造体系和工艺的有效运用❸。

——保护原则：保护乡土建筑遗产须尊重其文化价值和传统特色；乡土性的保护需要通过维持与保存具有典型特征的建筑群和村落来实现；既要保护乡土建筑遗产的物质性组成内容，也要保护它们所包含的非物质性内容；要通过法律、行政和经济手段来保护乡土建筑遗产中的生活传统并将其传给后代。

——保护实践导则：针对保护的实践工作，在研究和文献工作、传统建筑体系的记录与传承、材料和部件的更换、改造、定期修复和培训等方面提出具体的实践导则。

■ 此届大会还通过了《木结构遗产保护规则》❹。此文件在序言部分阐明了主旨，即为历史性的木结构建筑遗产的保护提供基本的、普遍的适用原则。这里所说的历史性木结构（Historic Timber Structures）指各种类型的全部为木构或局部为木构的建筑物或构筑物，具有文化意义或者是历史地区的组成部分。

· 主要内容

——"认识到木结构建筑遗产作为世界文化遗产组成部分的重要性；考虑到木结构建筑遗产突出的多样性；考虑到建造所使用的木材的多样种类和特性；认识到全部或局部的木结构在不同环境和气候条件下易受潮湿、光照、真菌和昆虫的侵蚀破坏以及损耗、火及其他灾

---

❶ "Principle 1—Since domestic and international tourism is among the foremost vehicles for cultural exchange, conservation should provide responsible and well managed opportunities for members of the host community and visitors to experience and understand that community's heritage and culture at first hand.

Principle 2—The relationship between Heritage Places and Tourism is dynamic and may involve conflicting values. It should be managed in a sustainable way for present and future generations.

Principle 3—Conservation and Tourism Planning for Heritage Places should ensure that the Visitor Experience will be worthwhile, satisfying and enjoyable.

Principle 4—Host communities and indigenous peoples should be involved in planning for conservation and tourism.

Principle 5—Tourism and conservation activities should benefit the host community.

Principle 6—Tourism promotion programmes should protect and enhance natural and Cultural Heritage characteristics."

❷ *Charter on the Built Vernacular Heritage*.

❸ "GENERAL ISSUES 1. Examples of the vernacular may be recognized by: a) A manner of building shared by the community; b) A recognizable local or regional character responsive to the environment; c) Coherence of style, form and appearance, or the use of traditionally established building types; d) Traditional expertise in design and construction which is transmitted informally; e) An effective response to functional, social and environmental constraints; f) The effective application of traditional construction systems and crafts."

❹ *Principles for the Preservation of Historic Timber Structures*.

害的破坏的弱点；认识到由于木结构自身的弱点、传统设计与建造技术的丢失和滥用，木结构建筑遗产越来越稀少”，由此提出了“检查、记录与存档”（Inspection, Recording and Documentation）、“监测与维护”（Monitoring and Maintenance）、“干预”（Interventions）、“维修与替换”（Repair and Replacement）这些木结构的基本保护方法与相应的具体要求和原则。

这是第一个针对某类材质的建筑遗产的保护问题制定的国际性文件。是基于《威尼斯宪章》的保护原则、考虑到源自不同文化背景与不同建造体系的建筑遗产的多样性以及由此而产生的保护实践上的差异性而提出的，反映出对文化多样性的尊重，是对遗产保护理论的重要补充和完善。

2001 年 3 月

联合国教科文组织在越南古城会安（Hoi An, Vietnam）制定了《关于亚洲的最佳保护实践的会安议定书》（简称《会安议定书》）。此议定书是“在亚洲文化的语境中确认和保存遗产的真实性的专业导则”[1]，它所关注并尝试解决的核心问题是在亚洲语境中如何确保真实性。

· 主要内容

——《会安议定书》包括“序言”、“意义与真实性”、“关于真实性的信息的来源”、“真实性和非物质文化遗产”、“对真实性的各种威胁”、“遗址保护的前提条件”、“亚洲问题”、“亚洲的特定方法”[2]八个部分的内容。

——在“序言”中，阐释了“亚洲语境中真实性的定义和评估”（Defining and Assessing “Authenticity” in an Asian Context）这一问题，“在亚洲，遗产的保护应该是而且将总是一种调和各种不同价值的协商解决的结果”，而这种协调解决多方问题的方法正是亚洲文化的一种内在价值；“真实性的保护是保护的首要目标，是必不可少的”；在亚洲的保护实践的专业标准中应该对遗产真实性的认定、记录、防护和保持问题加以明确、清楚的说明[3]。

——第八部分“亚洲的特定方法”是《会安议定书》的主体内容，分为“文化景观”、“考古遗址”、“水下文化遗址”、“历史城市与历史建筑群”、“文物、建筑物和构筑物”五个部分，每部分均包括“定义”、“框架概念”、“保护的威胁”、“真实性保护的措施”四个方面的内容。真实性保护的措施具体包括真实性的认定和记录，保护真实性的物质方面的内容，保护真实性的非物质方面的内容，遗产与社区、公众的关系。

《会安议定书》是《奈良文献》之后又一部以遗产的真实性为主题的重要的国际文件。它是基于亚洲文化遗产保护的特点、真实性的现实问题与亚洲地区的文化遗产保护的实践提出的，注重的是对保护实践的具体指导作用。

---

[1] “Hoi An Protocols for Best Conservation Practice in Asia—Professional Guidelines for Assuring and Preserving the Authenticity of Heritage Sites in the Context of the Cultural of Asia”。2005 年在西安召开的国际古迹遗址理事会第 15 届全体大会对此议定书进行了修订。

[2] A. Preamble; B. Significance and authenticity; C. Sources of information on authenticity; D. Authenticity and intangible cultural heritage; E. Systemic threats to authenticity; F. Prerequisites for conservation of all sites; G. Asian issues; H. Site specific methodologies for Asia.

[3] “The experts however recognized that in Asia, conservation of heritage should and will always be a negotiated solution reconciling the differing values of the various stakeholders...” “...the experts concluded that safeguarding of authenticity is the primary objective and requisite of conservation, and that professional standards of conservation practice everywhere in Asia should explicitly address issues of identification, documentation, safeguarding and preservation of the authenticity of heritage sites.”

2001年11月

联合国教科文组织全体大会第31届会议在巴黎通过了《世界文化多样性宣言》[1]。宣言强调“应把文化视为某个社会或某个社会群体特有的精神与物质，智力与情感方面的不同特点之总和；除了文学和艺术外，文化还包括生活方式、共处的方式、价值观体系、传统和信仰”[2]。

· 主要内容

——宣言认为，虽然全球化进程对于文化多样性是一种挑战，但是也同时为各种文化和文明之间的交流创造了条件。

——宣言提出，文化多样性是人类的共同遗产，“对人类来讲就像生物多样性对维持生物平衡那样必不可少”。

——捍卫文化多样性同尊重人权是密不可分的。

——文化多样性是社会发展的源泉。

2003年7月

国际工业遗产保护联合会（TICCIH）[3]于2003年7月在俄罗斯下塔吉尔（Nizhny Tagil, Russian）通过了《关于工业遗产的下塔吉尔宪章》[4]（简称《下塔吉尔宪章》）。

该宪章是第一个关于某一具体类型的建筑遗产的保护的国际性文件，是针对工业建筑遗产的特殊性（产生历史、形式与内容、现状、与现实生活的关系等）、依照《威尼斯宪章》的精神而制定的。《下塔吉尔宪章》包括工业遗产的定义，工业遗产的价值，鉴定、记录和研究的重要性，法律保护，维护和保护，教育与培训，陈述与解释七个方面的内容。

· 主要内容

——定义：“工业遗产是指工业文明的遗存，它们具有历史的、科技的、社会的、建筑的或科学的价值。这些遗存包括建筑、机械、车间、工厂、选矿和冶炼的矿场和矿区、货栈仓库，能源生产、输送和利用的场所，运输及基础设施，以及与工业相关的社会活动场所，如住宅、宗教和教育设施等。”[5]

——保护原则：工业遗产保护的核心在于对其功能完整性的保存，所以要尽可能地进行维护，维护好机器设备、地下基础、固定构筑物、建筑综合体和复合体以及工业景观；对于工业遗产的保护可以赋予新的使用功能，新的功能应该尊重生产流程和生产活动的原有形式。应该保留部分能够表明原有功能的地方；对于工业建筑的改造再利用可以避免能

---

[1] *UNESCO Universal Declaration on Cultural Diversity*.

[2] “Reaffirming that culture should be regarded as the set of distinctive spiritual, material, intellectual and emotional features of society or a social group, and that it encompasses, in addition to art and literature, lifestyles, ways of living together, value systems, traditions and beliefs...”

[3] 国际工业遗产保护联合会（The International Committee for the Conservation of the Industrial Heritage）是保护工业遗产的世界组织，也是国际古迹遗址理事会在工业遗产保护方面的专门顾问机构。2005年起成为联合国教科文组织世界遗产委员会的专业咨询机构。

[4] *The Nizhny Tagil Charter for the Industrial Heritage*.

[5] “1. Definition of industrial heritage: Industrial heritage consists of the remains of industrial culture which are of historical, technological, social, architectural or scientific value. These remains consist of buildings and machinery, workshops, mills and factories, mines and sites for processing and refining, warehouses and stores, places where energy is generated, transmitted and used, transport and all its infrastructure, as well as places used for social activities related to industry such as housing, religious worship or education.”

源浪费并有助于可持续发展。工业遗产对于衰败地区的经济复兴具有重要作用；工业遗产记录着人类的技能，这些技能是极为重要的资源，且不可再生，它们应当被谨慎地记录下来并传给年轻一代。

2003年10月

联合国教科文组织大会在巴黎举行第32届会议，通过了《保护非物质文化遗产公约》[1]。《公约》在前言中说明了之所以提出此公约，是因为："考虑到非物质文化遗产与物质文化遗产和自然遗产之间的内在相互依存关系"，"意识到保护人类非物质文化遗产是普遍的意愿和共同关心的事项"，并且非物质文化遗产是"密切人与人之间的关系以及他们之间进行交流和了解的要素"，但是"迄今尚无有约束力的保护非物质文化遗产的多边文件"[2]。

《公约》全面定义了"非物质文化遗产"[3]，并对"保护"概念进行了针对非物质文化遗产的定义，即"'保护'指确保非物质文化遗产生命力的各种措施，包括这种遗产各个方面的确认、立档、研究、保存、保护、宣传、弘扬、传承（特别是通过正规和非正规教育）和振兴"。在当今全球化和社会转型的进程中，非物质文化遗产面临损坏和消失的严重威胁，《公约》的内容隐含着对非物质文化遗产的抢救性保护。

2005年10月

联合国教科文组织第15届《保护世界文化和自然遗产公约》缔约国大会在巴黎召开，通过了《保护具有历史意义的城市景观宣言》[4]。

2005年5月在维也纳（Vienna，Austria）召开了由世界遗产委员会倡导的"世界遗产与当代建筑——管理具有历史意义的城市景观"的国际会议。此会议讨论了一整套保护具有历史意义的城市景观的重要准则和方针，形成《维也纳保护具有历史意义的城市景观备忘录》，《保护具有历史意义的城市景观宣言》即是在此基础上形成的。

《宣言》对"具有历史意义的城市景观"的定义是依据1976年的《内罗毕建议》确定的："具有历史意义的城市景观指的是自然和生态环境中的任何建筑群、结构和空地的集合体，包括考古和古生物遗址，它们是在相关的一个时期内人类在城市环境中的居住地，其聚合力和价值从考古、居住、史前、历史、科学、美学、社会文化或生态角度得到承认。这种景观塑造了现代社会，并对于我们了解今天的生活方式具有极大价值。"

· 主要内容：

——《宣言》的核心内容就是提出了具有历史意义的城市景观的保护原则：

（1）承认功能用途、社会结构、政治环境以及经济发展的不断变化是城市传统的一部分；

---

[1] *The Convention Concerning the Protection of the Intangible Cultural Heritage*.

[2] 此前联合国教科文组织通过了有关非物质文化遗产的多项计划，最为重要的是1997年第29届会议上通过的"宣布人类口头遗产和非物质遗产代表作计划"，1998年通过了《宣布"人类口头遗产和非物质遗产代表作"条例》，2000年该计划开始实施，每两年宣布一批"代表作"，每个国家一次推荐一项。

[3] "第二条　定义　'非物质文化遗产'，指被各社区、群体，有时是个人，视为其文化遗产组成部分的各种社会实践、观念表述、表现形式、知识、技能以及相关的工具、实物、手工艺品和文化场所。这种非物质文化遗产世代相传，在各社区和群体适应周围环境以及与自然和历史的互动中，被不断地再创造，为这些社区和群体提供认同感和持续感，从而增强对文化多样性和人类创造力的尊重。"按照此定义，"'非物质文化遗产'包括以下方面：1. 口头传统和表现形式，包括作为非物质文化遗产媒介的语言；2. 表演艺术；3. 社会实践、仪式、节庆活动；4. 有关自然界和宇宙的知识和实践；5. 传统手工艺。"

[4] UNESCO《保护具有历史意义的城市景观宣言》中文版（原件：英文/法文）。

(2) 对于历史城市，需要的是一种以保护为出发点的城市规划和管理政策，既要促进社会经济的发展和增长，又要尊重历史城市的本来面貌和完整性；

(3) 对历史环境进行修复和当代开发，这些物质和功能性干预的主要目的是提高生活质量和生产效率，其前提是不损害历史环境的价值。同时要增加高质量的文化表现形式。

——强调将当代建筑恰当地融入历史城市景观中的必要性。

《保护具有历史意义的城市景观宣言》是从当代建筑出发，综合考虑历史城市景观的完整性与城市的现代化发展之间的关系，体现了一种协调保护与发展的新思路。

2005 年 10 月

国际古迹遗址理事会第 15 届大会在西安召开，这是国际古迹遗址理事会首次在东亚地区召开大会。大会发布了《西安宣言——保护历史建筑、古遗产和历史地区的环境》❶。

· 主要内容：

——定义：“历史建筑、古遗址或历史地区的环境，界定为直接的和扩展的环境，即作为或构成其重要性和独特性的组成部分。除实体和视觉方面含义外，环境还包括与自然环境之间的相互作用；过去的或现在的社会和精神活动、习俗、传统知识等非物质文化遗产方面的利用或活动，以及其他非物质文化遗产形式，它们创造并形成了环境空间以及当前的、动态的文化、社会和经济背景”❷。

——对历史建筑、古遗产和历史地区的环境的保护和管理要通过规划手段与实践来进行。“环境的可持续管理，必须前后一致地、持续地运用有效的规划、法律、政策、战略和实践等手段，同时还须反映这些手段所作用的当地的或文化的背景。”❸

——对历史建筑、古遗产和历史地区的环境内的新建设与开发，“应当有助于其重要性和独特性的展示和体现”❹。

——对历史建筑、古遗址和历史地区环境的变化必须加以监测和掌控，因为这是一个不断累积的渐进的过程。这样才能保持环境的文化重要性和独特性，但是“掌控历史建筑、古遗址和历史地区环境的变化，并不一定需要对任何变化都加以防止或阻止。”❺

对历史建筑、古遗址和历史地区环境的保护不仅是要防止破坏和衰老，更重要的是防止其价值的消失、退化和平庸化（表 2-1、表 2-2）。

---

❶ *Xi' an Declaration on the Conservation of the Setting of Heritage Structures ,Sites and Areas.*

❷ "1. The setting of a heritage structure, site or area is defined as the immediate and extended environment that is part of, or contributes to, its significance and distinctive character. Beyond the physical and visual aspects, the setting includes interaction with the natural environment; past or present social or spiritual practices, customs, traditional knowledge, use or activities and other forms of intangible cultural heritage aspects that created and form the space as well as the current and dynamic cultural, social and economic context."

❸ "5. The implementation of effective planning and legislative tools, policies, strategies and practices to sustainably manage settings requires consistency and continuity in application, whilst reflecting the local or cultural contexts in which they function."

❹ "8. Development within the setting of heritage structures, sites and areas should positively interpret and contribute to its significance and distinctive character."

❺ "10. Change to the setting of heritage structures, sites and areas should be managed to retain cultural significance and distinctive character.

Managing change to the setting of heritage structures, sites and areas need not necessarily prevent or obstruct change."

关于文化遗产保护的国际文件一览表 **表 2–1**

序号	文件名称（简称）	通过机构	通过时间、地点
1	《修复历史性文物建筑的雅典宪章》（《雅典宪章》） (*The Athens Charter for the Restoration of Historic Monuments, 1931*)	第一届历史古迹建筑师及技术专家国际会议	1931 年，希腊，雅典
2	《武装冲突情况下保护文化财产公约》（《1954 年海牙公约》） (*The 1954 Hague Convention for the Protection of Cultural Protection in the Event of Armed Conflict*)	联合国教科文组织	1954 年 5 月，荷兰，海牙
3	《关于保护景观和遗址风貌与特性的建议》 (*Recommendation Concerning the Safeguarding of the Beauty and Character of Landscapes and Sites 1962*)	联合国教科文组织	1962 年 12 月，法国，巴黎
4	《国际古迹保护与修复宪章》（《威尼斯宪章》） (*International Charter for the Conservation and Restoration of Monuments and Sites*)(*The Venice Charter– 1964*)	第二届历史古迹建筑师及技术专家国际会议	1964 年 5 月，意大利，威尼斯
5	《关于保护受到公共或私人工程危害的文化财产的建议》 (*Recommendation concerning the Preservation of Cultural Property Endangered by Public or Private works*)	联合国教科文组织	1968 年 11 月，法国，巴黎
6	《保护考古遗产的欧洲公约》	欧洲议会	1969 年 5 月，英国，伦敦
7	《保护世界文化和自然遗产公约》（《世界遗产公约》） (*The Convention Concerning the Protection of the World Cultural and Natural Heritage*)(*The World Heritage Convention*)	联合国教科文组织	1972 年 11 月，法国，巴黎
8	《实施世界遗产公约操作指南》 (*Operational Guidelines for the Implementation of the World Heritage Convention*)	联合国教科文组织	1987 年至今在不断修订
9	《关于在国家一级保护文化和自然遗产的建议》 (*Recommendation concerning the Protection, at National Level, of the Cultural and Natural Heritage*)	联合国教科文组织	1972 年 11 月，法国，巴黎
10	《阿姆斯特丹宣言》 (*Declaration of Amsterdam*)	欧洲议会、欧洲建筑遗产大会	1975 年 10 月，荷兰，阿姆斯特丹
11	《建筑遗产欧洲宪章》 (*European Charter of the Architectural Heritage*)		
12	《美洲国家保护考古、历史及艺术遗产公约》（《圣萨尔瓦多公约》）	美洲国家组织	1976 年 6 月，萨尔瓦多，圣萨尔瓦多
13	《关于历史地区的保护及其当代作用的建议》（《内罗毕建议》） (*Recommendation Concerning the Safeguarding and Contemporary Role of Historic Areas*)	联合国教科文组织	1976 年 11 月，肯尼亚，内罗毕
14	《关于有文化意义的场所保护的国际古迹遗址理事会澳大利亚宪章》（《巴拉宪章》） (*The Australia ICOMOS Charter for the Conservation of Places of Cultural Significance*)(*The Burra Charter*)	国际古迹遗址理事会澳大利亚委员会	1979 年 8 月，澳大利亚，巴拉（1981 年、1988 年、1999 年修订）
15	《魁北克遗产保护宪章》 (*Charter for the Preservation of Quebec's Heritage*)	国际古迹遗址理事会、加拿大法语委员会魁北克古迹遗址理事会	1982 年
16	《佛罗伦萨宪章》 (*The Florence Charter*)	国际古迹遗址理事会与国际景观建筑师联盟	1982 年 12 月，意大利，佛罗伦萨
17	《文物建筑保护工作者的定义和专业》	国际博物馆理事会	1984 年 9 月丹麦，哥本哈根

续表

序号	文件名称（简称）	通过机构	通过时间、地点
18	《保护历史城市与城市化地区的宪章》（《华盛顿宪章》） （*Charter for the Conservation of Historic Towns and Urban Areas*）	国际古迹遗址理事会	1987 年 10 月， 华盛顿，美国
19	《关于考古遗产的保护与管理宪章》 （*Charter for the Protection and Management of Archaeological Heritage*）	国际古迹遗址理事会	1990 年 10 月， 瑞士，洛桑
20	《关于真实性的奈良文献》（《奈良文献》） （*The Nara Document on Authenticity 1994*）	联合国教科文组织、国际文物保护与修复研究中心、国际古迹遗址理事会、世界遗产委员会	1994 年 11 月， 日本，奈良
21	《关于水下文化遗产的保护与管理宪章》 （*Charter on the Protection and Management of Underwater Cultural Heritage*）	国际古迹遗址理事会	1996 年 10 月， 保加利亚，索非亚
22	《国际文化旅游宪章》 （*International Cultural Tourism Charter*（*Managing Tourism at Places of Heritage Significance, 1999*））	国际古迹遗址理事会	1999 年 10 月， 墨西哥，墨西哥城
23	《关于乡土建筑遗产的宪章》 （*Charter on the Built Vernacular Heritage*）	国际古迹遗址理事会	1999 年 10 月， 墨西哥，墨西哥城
24	《木结构遗产保护规则》 （*Principles for the Preservation of Historic Timber Structures*）	国际古迹遗址理事会	1999 年 10 月， 墨西哥，墨西哥城
25	《关于亚洲的最佳保护实践的会安议定书》（《会安议定书》） （*Hoi An Protocols for Best Conservation Practice in Asia—Professional Guidelines for Assuring and Preserving the Authenticity of Heritage Sites in the Context of the Cultural of Asia*）	联合国教科文组织	2001 年 3 月， 越南，会安
26	《世界文化多样性宣言》 （*UNESCO Universal Declaration on Cultural Diversity*）	联合国教科文组织	2001 年 11 月， 法国，巴黎
27	《保护水下文化遗产公约》 （*Convention on the Protection of the Underwater Cultural Heritage*）	联合国教科文组织	2011 年 11 月， 法国，巴黎
28	《关于工业遗产的下塔吉尔宪章》（《下塔吉尔宪章》） （*The Nizhny Tagil Charter for the Industrial Heritage*）	国际工业遗产保护联合会	2003 年 7 月， 俄罗斯，下塔吉尔
29	《保护非物质文化遗产公约》 （*The Convention Concerning the Protection of the Intangible Cultural Heritage*）	联合国教科文组织	2003 年 10 月， 法国，巴黎
30	《保护具有历史意义的城市景观宣言》	联合国教科文组织	2005 年 10 月， 法国，巴黎
31	《西安宣言——保护历史建筑、古遗产和历史地区的环境》 （*Xi' an Declaration on the Conservation of the Setting of Heritage Structures,Sites and Areas*）	国际古迹遗址理事会	2005 年 10 月， 中国，西安

资料来源：作者自制。

遗产保护主要国际机构与组织一览表 **表 2-2**

名 称	简 称	标 志
联合国教育、科学及文化组织 （United Nations Educational, Scientific and Cultural Organization）	联合国教科文组织 （UNESCO）	UNESCO

续表

名 称	简 称	标 志
国际古迹遗址理事会 (International Council of Monuments and Sites)	ICOMOS	ICOMOS CENTRE UNESCO-ICOMOS CENTRE
国际文物保护与修复研究中心 (The International Center for the Study of the Preservation and Restoration of Cultural Property)	ICCROM	ICCROM
国际自然及自然资源保护联盟 (The International Union for Conservation of Nature and Natural Resources)	IUCN	IUCN
国际景观建筑师联盟 (The International Federation of Landscape Architects)	IFLA	IFLA INTERNATIONAL FEDERATION OF LANDSCAPE ARCHITECTS
国际工业遗产保护联合会 (The International Committee for the Conservation of the Industrial Heritage)	TICCIH	

资料来源：作者自制。

第二节　中国建筑遗产保护的发展历程

图 2–6　张謇

收集、保存并研究文化遗物在中国有着久远的历史[1]。

1903 年

中国第一个博物馆——“南通博物苑”由实业家张謇[2]创建，这是维新运动的成果之一。对于文物的收藏，张謇认为其目的是“留存往绩，启发后来”（图 2–6）。

---

❶ 从有文字记载的历史开始，殷商时期，珍品、宝物多藏于宗庙。周时设置了专门机构掌管宗庙及天子的宝物（《周礼（卷六）· 天官冢宰》：“玉府掌王之金玉，玩好，兵器，凡良货贿之藏。”《周礼（卷二十）· 春官宗伯》：“天府掌祖庙之守藏，与其禁令。凡国之玉镇大宝器藏焉。若有大祭大丧，则出而陈之。”）。 自西汉起，历代均设有皇家图书馆、档案馆性质的机构收藏本朝及前代累积、继承下来的历史文物，只是名称不同。西汉时，在长安城未央宫内建石渠阁、天禄阁、兰台阁收藏图书、文物。未央宫之东的武库也是贮藏宝物的地方；隋东都洛阳宫城中主殿大业殿之西的观文殿为宫中藏书之处，殿后又有妙楷、宝迹二台，分藏古籍和书画；宋时对文物的收藏极重视，内廷区西部建有龙图阁、天章阁、宝文阁及宣德殿、述古殿建筑组群，藏图书档案。后苑中还建有藏书楼，如太清楼、稽古阁、保和殿等。民间也崇尚收藏，正是在此基础上，宋代学者开始把对古物的收集、赏玩转变为对古物的有目的的分析、研究，将古物作为考订历史的重要实物资料，由此产生了金石学；明时，设“古今通集库”藏历代典籍，地点在紫禁城宫城东南，并在宫城南城墙下的内阁院中立“文渊阁”藏历代古籍珍本 ；清代皇家藏书楼亦称文渊阁，地点在宫城外东路东侧、文华殿北。

❷ 张謇（1853～1926 年），字季直，号啬庵。江苏海门人。清末状元。中国近代实业家、政治家、教育家。视实业和教育为强国之本，兴办纺织厂、轮船公司、银行等企业。1902 年创办我国第一所师范学校“南通师范学校”。在学校以西购地创建包括博物馆、植物园和动物园的博物苑，藏品包括中外动植物矿物标本、金石文物等两万余件。

1914 年

民国建立之初，内务部把清代的热河行宫（承德避暑山庄）和盛京宫殿（沈阳故宫）中的重要文物共计 20 余万件集中到北京，成立了“古物陈列所”[1]。地点设在紫禁城，将文华殿和武英殿辟为展室，乾清门以南的外朝部分都归古物陈列所使用。为加强管理，同年 12 月内务部制定了《古物陈列章程》（17 条），规定了文物保存、陈列的各项规则。

1915 年

在南京明故宫旧址建立了“南京古物保存所”，陈列展示明故宫的文物。

1922 年

北京大学成立了“考古学研究室”[2]，这是中国历史上最早的文物保护学术研究机构。

1925 年 10 月 10 日

“故宫博物院”建立。

这是一座以文物建筑和宫廷中收藏的历代文物为主体构成的大型综合性古代文化艺术博物馆。其工作内容是负责“掌理故宫及所属各处之建筑物、古物、图书、档案之保管、开放及传播事宜”。1928 ~ 1931 年各宫殿开放参观，殿内原有陈设保持原状。新布置了书画、玉器、铜器等专门性的陈列室 37 个。并整理出版影印字画、图书文献 200 余种。在封建帝制结束后，紫禁城通过被赋予博物馆的新功能的方式完整地得到了保护。

1929 年

“中国营造学社”（初名中国营造学会）成立。地址设在紫禁城天安门内西侧西朝房。

学社由朱启钤[3]创办(图 2–7)。由于发现了《营造法式》这部消失多年、已无人能够解读的古籍而发起了这个旨在研究中国的传统营造学的学术团体。由“中华文化基金董事会”和“中英庚款董事会”赞助部分经费。

图 2–7　朱启钤

学社重印了《营造法式》，在当时的学术界引起很大反响。因最初的学社成员无人懂建筑，朱启钤遂耐心地说服正主持沈阳东北大学建筑系的梁思成(1901 ~ 1972 年)，于 1931 年 6 月加入学社并领导研究工作(图 2–8)。

· 工作内容与成果 ：

——1931 年，学社设立“法式部”，梁思成任主任。1932 年另一位学者刘敦桢（1897 ~ 1968 年）加入学社成为“文献部”主任。他们合作领导了中国营造学社实地调查古建筑和访求、研究文献的工作。

20 世纪 30 年代是中国营造学社成果卓著的时期。法式部负责古建筑实例的调查、测绘和研究。实地调查在 1932 ~ 1937 年间每年进行两次，

图 2–8　梁思成

---

❶ 1948 年 3 月古物陈列所与故宫博物院合并。

❷ 第一任主任为马衡（1881 ~ 1955 年），浙江鄞县人，字叔平，中国考古学家、金石学家、书法篆刻家。1934 年任故宫博物院院长。1952 年任北京文物整理委员会主任委员。考古学研究室成立后马衡考察了河南孟津、新郑的铜器出土地点和汉魏洛阳城太学遗址。

❸ 朱启钤（1872 ~ 1964 年），字桂辛、桂莘，号蠖公、蠖园，祖籍贵州开阳，生于河南信阳。光绪年间举人。1903 年任京师大学堂译书馆监督。1912 年任交通部总长。1913 年 8 月代理国务总理，稍后任内务部总长。1920 年任《四库全书》印刷督理。1927 年刊刻了失传已久的《髹饰录》。中华人民共和国建立后，曾任中央文史馆馆员。著作有《李仲明营造法式》、《蠖园文存》、《存素堂丝绣录》、《女红传征略》、《丝绣笔记》、《芋香录诗》、《清内府刻丝书画考》、《清内府刺绣书画考》、《漆书》等。

1935～1945年间则不固定。主要勘察了山西、河北、河南、山东、云南、四川及江苏、浙江等15个省区200个县的古建筑2200多处，发现了很多中国建筑史上的重要实例，如蓟县的独乐寺观音阁（1932年发现）、五台山的佛光寺（1937年发现）、大同的古建筑群等，还测绘了故宫建筑群。这些实地调查的成果以调查报告的形式发表在学社创办的《中国营造学社汇刊》上，内容包括详细的报告、测绘图纸和分析研究三个部分；文献部负责建筑文献的搜求、整理、校勘和出版与研究工作，除《营造法式》外，还重印了《园冶》、《髹饰录》、《一家言·居室器玩部》等。并聘请有名的工匠绘制清代的木构及彩画图样，制作构架和斗栱模型作为研究的基础材料。

——学社还受政府部门委托进行古建筑的修缮、复原修理的规划工作，曾制订过北平城13座城楼、箭楼修理计划、曲阜孔庙修理计划，以及南昌滕王阁复原修理计划、杭州六和塔复原修理计划。但是这些计划因战争的影响或经费的缺乏大多没有实施。

——《中国营造学社汇刊》在学社成立之时创办，开始是不定期出版，从1932年的第3卷起改为季刊，以刊登学社的实地调查报告为主。后因实地调查报告数量太多改为只登载调查简报，测绘图及研究报告另辑专刊出版。至1946年学社停办时共出版23期。《中国营造学社汇刊》是建筑历史研究和考古学领域极为重要的、学术知名度很高的专业刊物，记录了中国建筑历史研究工作开创后获得的第一手珍贵资料和第一批研究成果。

抗日战争爆发，学社于1937年迁往内地，1938年在昆明继续开展工作。1940年迁到四川宜宾南溪县李庄。在这期间学社初步调查了云南和四川的古建筑。1945年年底以后，学社里最后的几位专职工作人员和学社的大部分资料均转入清华大学。1946年，学社停办，前后一共存在了17年。

·意义：

——以故宫博物院为代表的中国最早的一批博物馆依照现代博物馆的方式开始了对中国古代的可移动文物的收集和保护，中国营造学社则开启了对数量和内容同样极其丰富的不可移动的中国古代建筑遗产的保护工作。

在中国建筑历史研究和古代建筑的保护方面，中国营造学社贡献巨大：开始了用现代科学方法研究中国古代建筑的工作；培养了一批从事古代建筑研究和保护工作的专业人才；积累了宝贵的古代建筑实例资料，整理、出版了包括《营造法式》、《园冶》在内的建筑典籍；梁思成在学社多年的调查研究工作的基础上完成了中国的第一部建筑历史专著——《中国建筑史》，以及英文版的《图像中国建筑史》(A Pictorial History of Chinese Architecture)[1]。由此开创了"中国建筑史"这一科学技术史的新分支，并为日后中国建筑史学科的发展及中国不可移动文物的保护工作奠定了理论与实践的基础。

1930年6月

国民政府颁布了《古物保存法》[2]，确定在考古学、历史学、古生物学方面有价值的古物受

[1] 1984年由美国麻省理工学院出版社出版，2001年由三联书店（香港）有限公司出版中文版。

[2] 《古物保存法》共有14条。主要内容包括：①古物的范围和种类。包括与考古、历史、古生物等学科有关的一切古代遗物。②古物的保存方式。除私有者外，均由中央古物保管委员会责成保存处所保存，并制作照片存教育部、内政部、中央古物保管委员会等处。③古物的管理方法。规定官方古物应每年造表上报，私有重要古物应向官方登记并不得转移于外人。④地下古物均属于国有。⑤古物发掘的管理。规定应由学术机关进行发掘，并需请中央古物保管委员会及教育部、内政部共同发给发掘执照，由中央古物保管委员会派人监察。如需外国学术团体或个人参加，应先呈报中央古物保管委员会核准。发掘得到的古物，呈经中央古物保管委员会核准后，可由学术机关在一定时间内保存研究。⑥古物的流通。规定限于国内流通，因研究需要而必须出国者应报中央古物保管委员会及教育部、内政部核准，发给出境护照，并必须在2年内归回原保存处。⑦中央古物保管委员会的组织方法等。

到国家的保护。这是中国历史上第一个由中央政府发布的文物保护的法规，文物保护开始成为国家的职责。

1931 年 7 月，又颁布了《古物保存法细则》（19 条），于 1933 年 6 月起实施。

1932 年

1928 年国民政府成立了"中央古物保管委员会"，这是中国第一个由国家设立的负责保护和管理文物的专门机构。1932 年 6 月，国民政府行政院公布了《中央古物保管委员会组织条例》，规定了中央古物保管委员会的隶属关系（隶属教育部）、职权范围、工作内容和具体组织方法，确认按照《古物保存法》行使古物保管职权。由国家实施对文物的保护与管理的历史由此开始[1]。

1935 年

北平市政当局为保护、管理北平城的古建筑，成立"故都文物整理委员会"，隶属于行政院。

委员会负责决定要修缮、整理的项目及预算。实际工作的执行机构是"故都文物整理委员会实施事务处"，由北平市市长和工务局局长分任正、副处长。专业技术的负责人为著名建筑师杨廷宝（1901 ~ 1982 年），顾问为中国营造学社社长朱启钤。

文物整理委员会自成立至抗日战争开始，完成了北平城一批重要古建筑的修缮工作，包括天坛的全部建筑、孔庙、辟雍、智化寺、大高玄殿角楼牌楼、正阳门五牌楼、紫禁城角楼、东西四牌楼、几座城楼箭楼以及东南角楼，还有真觉寺金刚宝座塔等几十处。修缮工作的内容主要是进行结构的加固、补强和油漆彩绘。

当时，除文物整理委员会外，使用和管理古建筑的机构如故宫博物院、古物陈列所、中南海、北海公园等也利用从社会上筹措来的款项对所使用和管理的古建筑进行维修、保养，文物整理委员会还为这些修缮工作给予技术上的协助和指导。

抗日战争期间，委员会仍在继续小规模的修整工作。抗战胜利后，故都文物整理委员会改称"北平文物整理委员会"。虽然当时杨廷宝已离开，委员会多年来培训的工程技术人员仍能将此工作持续下去，又对一些古建筑进行了构架修整和油漆彩绘，如天安门的油饰、朝阳门箭楼构架的维修等。

1944 年冬

重庆国民政府教育部设置了"战区文物保存委员会"，梁思成任副主任（主任为教育部次长），其工作就是编制一份日占领区内的文物建筑目录，以便盟军轰炸时避开它们。1945 年 5 月，《战区文物保存委员会文物目录》（Chinese Commission for the Preservation of Cultural Objects in War Areas—List of Monuments）编写完成，使用中英文两种文字。目录中列入的文物建筑都在军用地图上标明位置，其中重要的建筑还配有照片（照片和地图已失）。目录中收录了除云南、贵州、四川、西藏、新疆、甘肃、陕西、蒙古之外其余十几个省区的文物建筑。分编为 8 册。每册开始部分均为"木建筑鉴别总原则"、"砖石塔鉴别总原则"、"砖石建筑（砖石塔以外）鉴定总原则"。

这份目录是梁思成在中国营造学社多年实地调查的基础上提炼整理出来的，反映了当时对古建筑的掌握范围和数量。"鉴别总原则"简明地列出了不同类型的古建筑的主要结构特征、平

---

[1] "中央古物保管委员会"自 1928 年成立以后，进行了多项有关古建筑、古墓葬、古遗址的调查并发表了多种调查报告，并且办理了美国人安得思在蒙古私采古物、私卖安徽寿县出土楚王鼎、私卖甘肃定西出土莽权莽衡等文物案件。抗日战争开始后该会工作结束。

面特征及形式特征，使用者可以据此大体判断出建筑物的时代、功能性质和价值大小。这些鉴别原则是基于当时的认识程度对古代建筑特征所作的总结，有些内容与今天无异，有些内容则因为新的发现和研究成果的取得有了补充、深化或修正。

1945 年抗日战争结束后不久，“战区文物保存委员会”举办了全国公私文物损失登记，根据登记材料汇编为《战时文物损失目录》，共计损失文物 3607074 件（包括毁坏的和流失的），古迹 741 处。

抗日战争期间

各解放区人民政府通过发布通知、布告、指示等方式对古代及革命文物实行保护，比如 1948 年华北人民政府就颁布有保护文物的法令。有的解放区还专门建立有负责保护文物的机构。

1949 年

新中国成立前夕，周恩来总理特别指示要注意保护各地重要的古建筑。为在全国解放战争中尽量保存古建筑，梁思成接受解放军有关部门委托、组织领导当时清华大学营建系的教职员编写了《全国重要建筑文物简目》，以“国立清华大学、私立中国营造学社合设建筑研究所”的署名于 1949 年 3 月印刷完成（图 2–9）。

《简目》内容与《战区文物保存委员会文物目录》绝大部分相同，有所增补。共列入古建筑、石窟寺、石刻 400 余处。

这个目录不仅在当时为解放军接管和保护古建筑提供参考，在中华人民共和国建国初期也一直作为古建筑保护的基本依据发挥着重要作用。

1949 年 6 月《简目》重印（因 3 月油印的已用完）时，梁思成以“北平文物整理委员会”之名义附加了“古建筑保养须知”一文，强调了要对古建筑加以精心的日常维护和照料，清洁

图 2–9 《全国重要建筑文物简目》

TWO

绿化、防潮通风、防火防盗等。文章一开始就阐明了为什么要保护古建筑："……（北平）我们不应该把他看为专制帝王的遗物，相反地应该把他看做是人民血汗的结晶、民族艺术的大手笔，历史价值特别珍贵。"虽然是针对北京的古城和古建筑的，但是对古建筑价值的认识是可以推而广之的。

1949 年全国解放

新中国成立前，虽然国民党政府设立了负责文物保护与管理的专门机构、颁布有保护法规，但是由于战争持续、社会动荡，保护工作无法真正开展。多年的战争，大量的各类文物的破坏、流失现象十分严重。新中国成立后，中华人民共和国政府即把文物工作列为文化事业中的重要部分。中央人民政府文化部下设文物局负责全国的文物和古建筑保护工作。面对当时的现实状况，中央人民政府从 1950 年起陆续颁布了多项有关文物保护的法令、法规，设置中央与地方各级文物保护管理机构，在中国科学院下设置作为研究文物考古及保护的学术研究机构"考古研究所"，通过这一系列措施，到 20 世纪 60 年代中期初步建立起中国的文物保护制度。

1950 年 5 月

中央人民政府 3 号令发布了古迹、珍贵文物、图书、稀有生物的保护办法——《古文化遗址及古墓葬之调查发掘暂行办法》。指出："查我国所有名胜古迹，及藏于地下，流散各处的有关革命、历史、艺术的一切文物图书，皆为我民族文化遗产。今后对文化遗产的保管工作，为经常的文化建设工作之一。"规定："各地原有或偶然发现的具有革命、历史、艺术价值之建筑、文物图书等，应由各地方人民政府文教部门及公安机关妥为保护，严禁破坏、损毁及散佚，并详细登记（孤本、珍品并应照相）呈报中央人民政府文化部。"

同时因建国半年来全国各地都发生了未及时保护古建筑甚至破坏古建筑的情况，文化部将《全国重要建筑文物简目》印发给各地各级政府，使各级政府知道辖区内有哪些古建筑应该受到保护。

同年 7 月中央人民政府 35 号令又发布了"切实保护古物建筑的指示"。

1951 年

国务院与文化部联合颁布《关于名胜古迹管理的职责、权利分担的规定》、《关于保护地方文物名胜古迹的管理办法》、《地方文物管理委员会暂行组织》等文件，逐步建立起地方的文物行政管理制度。

1953 年 10 月

针对城市基本建设工程引发的文物保护问题中央人民政府发布了《关于在基本建设工程中保护历史及革命文物的指示》[1]，要求"各级人民政府对历史及革命文物负有保护责任，应加强文物保护的经常工作。各级人民政府文化主管部门应加强文物保护政策、法令的宣传，教育群众爱护祖国文物，并采用举办展览、制作复制品、出版图片等各种方式，通过历史及革命文物加强对人民的爱国主义教育。中央人民政府文化部应有计划地举办考古发掘训练班，培养考古发掘人员；并编印通俗保护文物手册，协助基本建设主管部门，对基建工地技术人员及工人加

[1] 前言部分说明了发布该《指示》的原因："我国文化悠久，历代人民所创造的文物、建筑遍布全国，其中并有很大部分埋藏地下，尚未发掘。这些文物与建筑，不但是研究我国历史与文化的最可靠的实物例证，也是对广大人民进行爱国主义教育的最具体的材料，一旦被毁，即为不可弥补的损失。现在全国各地正展开大规模的基本建设工程，各工程地区已不断发现古墓葬、古文化遗址，并已掘出了不少古代的珍贵文物。在地面上，亦有在建设工程中拆除若干古建筑或革命纪念建筑的情况。因此，对于这些地下、地上的文物、建筑等如何及时做好保护工作，并保证在基本建设工程中不致遭受破坏和损失，实为目前文化部门和基本建设部门共同的重要任务之一。"

强文物保护工作的政策及技术知识的宣传"。

1956 年 4 月

针对农业生产中出现的相同问题发出《国务院关于在农业生产建设中保护文物的通知》。提出广泛宣传文物保护的政策、法令，向广大群众普及文物知识并开展群众性的文物保护工作。《通知》不仅提出了公众参与的保护观念，更提出了把古建筑和各项文物纳入绿化和其他建设的规划中加以保存和利用的新方法[1]。

《通知》决定在全国范围内进行文物普查[2]，其结果公布为文物保护单位，初步确立了我国的文物分级保护管理的基础。

1960 年 11 月

国务院全体会议通过了《文物保护管理暂行条例》和"第一批全国重点文物保护单位名单"，"文物保护单位制度"就此建立。这些文物保护单位均属于建筑遗产。

《文物保护管理暂行条例》于 1961 年 3 月颁布，规定：各级地方政府组织相关部门为所辖地区内的文物保护单位划定保护范围，作出标志说明，逐步建立科学记录档案。并且"全国重点文物保护单位的保护范围的确定，应当报经文化部审核决定"（第五条）。再次强调"各级人民委员会在制定生产建设规划和城市建设规划的时候应当将所辖地区内的各级文物保护单位纳入规划，加以保护"（第六条）。

《文物保护管理暂行条例》是建国后第一部关于文物保护的全面性法规，是对建国 11 年来的文物保护工作的经验总结，推进了文物保护和管理工作的专门化、系统化，使我国的文物保护工作进入科学轨道。

"第一批全国重点文物保护单位名单"也于 1961 年 3 月发布，共计 180 处——包括革命遗址及革命纪念建筑物（33 处）、石窟寺（14 处）、古建筑及历史纪念建筑物（77 处）、石刻及其他（碑刻、塑像等，11 处）、古遗址（26 处）、古墓葬（19 处）六大类。

1961 年 3 月

国务院发布《关于进一步加强文物保护和管理工作的指示》，提出了"保护原状，防止破坏"的文物保护工作原则[3]。

同年 7 月，周恩来总理在上海历史博物馆视察时说："要把这些东西（文物）保护好，使它

---

[1] "一、由于农业生产建设范围空前广阔，农村的文物保护工作已绝非少数文化工作干部所能胜任，因而必须发挥广大群众所固有的爱护乡土革命遗址和历史文物的积极性，加强领导和宣传，使保护文物成为广泛的群众性工作。只有这样做，才能适应今天的新情况，才能真正达到保护文物的目的。""二、（一）一切已知的革命遗迹、古代文化遗址、古墓葬、古建筑、碑碣，如果同生产建设没有妨碍，就应该坚决保存。如果有碍生产建设，但是本身价值重大，应该尽可能纳入农村绿化或其他建设的规划加以保存和利用。"

[2] "三、必须在全国范围内对历史和革命文物遗迹进行普查调查工作。各省、自治区、直辖市文化局应该首先就已知的重要古文化遗址、古墓葬地区和重要革命遗迹、纪念建筑物、古建筑、碑碣等，在本通知到达后两个月内提出保护单位名单，报省（市）人民委员会批准先行公布，并且通知县、乡，作出标志，加以保护。然后将名单上报文化部汇总审核，并且在普查过程中逐步补充，分批分期地由文化部报告国务院批准，置于国家保护之列。"

[3] "二、文物保护工作必须坚持勤俭办事业的原则，对于革命纪念建筑和古建筑，主要是保护原状，防止破坏，除少数即将倒塌的需要加以保固修缮以外，一般以维持不塌不漏为原则，不要大兴土木。保护文物古迹工作的本身，也是一件文化艺术工作，必须注意尽可能保持文物古迹工作的原状，不应当大拆大改或者将附近环境大加改变，那样做既浪费了人力、物力，又改变了文物的历史原貌，甚至弄得面目全非，实际上是对文物古迹的破坏。"

发挥应有的作用。”副总理陈毅在国务院的一次会议上说：“修古建筑一定要保持原状，不要对文物本身进行社会主义改造。”

1963 年 4 月

文化部发布《文物保护单位管理暂行办法》。

这是对《文物保护管理暂行条例》内容的补充和细化。《文物保护单位管理暂行办法》规定：“文物保护单位保护范围的划定，应根据文物保护单位的具体情况而定。在文物保护单位周围一定距离的范围内划定为安全保护区。有些文物保护单位，需要保持周围环境原状，或为欣赏参观保留条件，在安全保护区外的一定范围内，其他建设工程的规划、设计应注意与保护单位的环境气氛相协调”。

这说明整体环境保护的问题已经开始受到重视。

同年，还陆续颁布了《关于革命纪念建筑、历史纪念建筑、古建筑石窟寺修缮暂行管理办法》、《文物保护管理暂行条例实施方法的修改》。

20 世纪 50 ～ 60 年代北京古城墙的拆毁

这段时期，中国的文物保护历程中一个影响很大的事件在持续进行着，这就是北京古城墙的拆毁。

建国之初，北京市成立了“文物整理委员会”，确定对北京城的历史古迹要采取保护与改建并行的方针，有的保留，有的拆除，为解决内外城的交通在城墙上开洞口，迁移一些影响交通的牌楼等。1950 ～ 1951 年年底对出现结构安全问题的城楼进行了全面维修。1951 年北京市文物整理委员会曾向市建设局明确函示：北京城墙全部为甲级古建筑物，因此绝对不能同意拆除任何城楼箭楼和瓮城。

1953 年起北京城墙及城楼的拆除陆续开始，拆除原因个别是因为城墙本身年久失修，破损严重，如右安门瓮城即是由于城门城墙倾圮，在征求梁思成同意后于 1953 年 12 月拆除。大部分是由两方面因素导致的：一方面是城建部门认为城墙严重妨碍城市建设，使道路交通不畅；另一方面是城墙附近的单位及住户擅自拆除城砖和墙土作为建筑材料，导致城墙局部被拆毁或出现严重的坍落、裂缝等危及结构安全的现象。

至 1957 年 6 月，外城城墙已经基本拆毁，内城城墙拆了一部分，城楼尚在。1958 年“大跃进”运动开始，毛泽东在 3 月成都会议上说，拆除城墙，北京应当向天津和上海看齐。在 1 月的南宁会议上还说过古董不可不好、也不可太好，北京拆牌楼、城门打洞也哭鼻子，这是政治问题。9 月北京市人民委员会行政会议作出“关于拆除城墙的决定”，除前门、鼓楼、箭楼城楼外，全部拆除。

1960 年，北京市文化局曾向北京市人民委员会建议将内城的西直门的门楼、箭楼、瓮城和闸楼，安定门门楼，东直门门楼，东南角楼，正阳门门楼、箭楼结合绿化保存下来。当时文化部已经决定将北京的城墙和城楼列为国家级文物保护单位。但是这些都没有实现。

1965 年，北京开始修建地铁，其线路就选择在原来城墙的位置，因为地面无房屋建筑、施工方便。沿地铁线路，拆除了内城的南城墙和宣武门、崇文门及徐悲鸿纪念馆（迁至他处）。位于线路上的元代司天台旧址“观象台”也在拆除之列，因周恩来的干预而保存下来。到 1969 年因中苏关系紧张，开始进行战备建设，挖防空工事，号召群众就地取材、拆除城砖。这个活动又在“文化大革命”时期延续了好几年。

从建国之初即开始的关于北京城墙拆与留的争论在城墙拆毁的过程中没有停止过，一边进行新建设、一边争论着、一边拆着。一直到城墙拆毁殆尽[1]。

北京城墙保存至今的有正阳门（前门）城楼和箭楼、德胜门箭楼和东南角楼。

很多地方城市效仿北京拆除城墙，许多古老的城墙就此消失，无可挽回。

1966年“文化大革命”开始，大范围、大规模开展的“破四旧”运动使文物古迹遭受到惨重的人为破坏。更为严重的是在此后相当长的一段历史时期内造成了轻视传统、轻视历史文化的社会风气。

直到20世纪70年代中期，文物保护工作才逐渐恢复秩序。

1974年8月

国务院发布《加强文物保护工作的通知》。

规定："保护古代建筑，主要是保存古代劳动人民在建筑、工程、艺术方面的成就，作为今天的借鉴，向人民进行历史唯物主义教育……要加强宣传工作，说明保护文物的目的和意义……在修缮中要坚持勤俭办事业的方针，保存现状或恢复原状。不要大拆大改，任意油漆彩画，改变它的历史面貌。对已损毁的泥塑、石雕、壁画，不要重新创作复原……”

《通知》反映出当时对文物建筑的“真实性”的认识——要保持文物建筑的历史面貌，不要复原已经不存在的内容。

1979年6月

国家城市建设总局提出“关于加强城市园林绿化工作的意见”，对自然风景区和自然风景区内的文物古迹的保护提出了要求并作出了规定。

1982年

这是中国遗产保护历史上非常重要的一年。

2月，国家建委、国家城建总局、国家文物局提交的“关于保护我国历史文化名城的请示”得到国务院批准，“历史文化名城”的概念被正式提出。

国务院公布了“第一批国家历史文化名城名单”。包括24个城市[2]。

3月，国务院公布“第二批全国重点文物保护单位名单”。共计62处，仍分为六大类——革命遗址及革命纪念建筑物（10处）、石窟寺（5处）、古建筑及历史纪念建筑物（28处）、石刻及其他（经幢，2处）、古遗址（10处）、古墓葬（7处）。

11月，国务院公布“第一批国家重点风景名胜区名单”。包括44个风景名胜区。它们都典型地体现了中国的风景名胜区的根本特点，即自然风光与人文景观的有机融合、相互辉映、共荣共生。

■ 历史文化名城

这个概念的出现，标志着中国的建筑遗产保护进入了一个新的发展阶段，即从单体的文物建筑保护扩展到整体的历史城市保护。

从新中国成立后到20世纪80年代初的30余年间，对于古城保护还缺乏认识，古城的建设、改造没有完整的规划设想，也没有科学的指导思想和原则。导致许多古城被建设

---

[1] 关于北京城墙拆毁的详细情况可参见：申荣予.20世纪北京城垣的变迁[M]//建筑史论文集.第12辑.北京：清华大学出版社，2000；王军.城记[M].北京：生活·读书·新知三联书店，2003.

[2] 第一批国家历史文化名城——北京、承德、大同、南京、苏州、扬州、杭州、绍兴、泉州、景德镇、曲阜、洛阳、开封、江陵、长沙、广州、桂林、成都、遵义、昆明、拉萨、大理、西安、延安。

成失去特色的新城镇。20 世纪 70 年代末 80 年代初随着改革开放政策的实施，全国都进入到一个前所未有的城市建设开发阶段，从单个文物点到历史城市，文物保护面临着更为严峻的现实问题。

1984 年，中国城市规划学会成立“历史文化名城保护学术委员会”；1987 年中国城市科学研究会成立“历史文化名城研究会”（后改为“历史文化名城委员会”）；1993 年 10 月在襄樊，建设部和国家文物局联合组织召开了全国第一次历史文化名城保护工作会议；1994 年建设部和国家文物局聘请各方面专家组成“全国历史文化名城保护专家委员会”，针对政府部门的管理加强历史文化名城保护工作的执法监督和技术咨询，专家咨询被正式纳入到历史文化名城保护管理的工作范畴之内；1998 年建设部“历史文化名城研究中心”在同济大学成立，作为历史文化名城保护的常设机构协助政府管理部门制定保护政策与制度并进行理论研究和保护实践。

1982 年 11 月 19 日

第五届全国人大常委会通过了《中华人民共和国文物保护法》。

这是中国历史上第一部文物保护法。在此之前，文物保护工作依据各种“通知”、“条例”、“办法”、“指示”来进行。在此之后，中国的文物保护活动有了法律的依据和保障，开始真正踏入科学、正规、有序的运行轨道。

1985 年 8 月

首都规划建设委员会通过“北京市区建筑高度方案”，提出保护“古城风貌”。

“方案”主要内容——故宫周围为绿地、平房地区；旧皇城根以内的新建筑由中间向东西两侧依次不得超过 9、18 米；旧皇城根以外的新建筑，依次不得超过 18、30、45 米。东部、东北部的三环路以外，经批准方可建设超高层建筑。

这种对保护对象周围的新建筑进行高度控制的方法开始在文物建筑和历史街区的保护中应用。

1985 年 11 月

中国成为《世界遗产公约》的缔约国。并于 1987 年开始申报列入《世界遗产名录》的遗产项目。

1986 年 12 月

国务院公布了“第二批国家历史文化名城名单”，包括 38 个城市[1]。

在国务院公布第二批国家级历史文化名城时转发的建设部、文化部的有关意见中，提出了“历史文化保护区”的概念。同时要求地方政府根据本地区情况审批“省级历史文化名城”及公布各级历史文化保护区。

■ 历史文化保护区

20 世纪 80 年代初有关专家提出设置建议，1986 年正式列入国务院文件。历史文化保护区的设置是为了保护未列入历史文化名城的、具有保护意义的城市和乡村地区，因为保存完好、符合历史文化名城条件的古城数量很少，而相对完整的历史街区、地段则数量较多；而对于历史文化名城的保护，历史文化区的保护亦是其工作重点，要通过保护历史文化区实现对历史文

[1] 第二批国家历史文化名城——天津、保定、丽江、日喀则、韩城、榆林、张掖、敦煌、银川、喀什、武威、呼和浩特、上海、徐州、平遥、沈阳、镇江、常熟、淮安、宁波、歙县、寿县、亳州、福州、漳州、南昌、济南、安阳、南阳、商丘、武汉、襄樊、潮州、重庆、阆中、宜宾、自贡、镇远。

化名城的保护。

历史文化保护区概念的提出使得在初步建立的历史文化名城保护体系中又增加了一个新的层次——文物建筑＋历史文化保护区＋历史文化名城并重的这一多层次的保护体系开始酝酿形成。

这一保护体系在20世纪90年代后期真正确立起来。

1988年1月

国务院公布"第三批全国重点文物保护单位名单"。共计258处，仍是六大类 ——革命遗址及革命纪念建筑物（41处）、石窟寺（11处）、古建筑及历史纪念建筑物（111处）、石刻及其他（17处）、古遗址（49处）、古墓葬（29处）。

1988年11月

建设部、文化部共同发布《关于重点调查、保护优秀近代建筑物的通知》。

《通知》发布的目的在于通过调查、鉴定选出有资格申报各级"文物保护单位"的近代文物建筑。《通知》提出了选择的基本标准：

（1）时间标准——建于1840～1949年间的，重点是在1911～1945年间的；

（2）内容标准——具有重要建筑史料价值的建筑物，主要指在建筑类型、空间、形式和建筑技术上有特色、并有代表性的建筑物。或是公认的我国著名建筑师的有代表性的作品。

《通知》还要求对于有一定价值的、未列入文物保护单位的近代建筑物及建筑群，当地城市规划主管部门要根据国务院公布第二批国家级历史文化名城时转发的建设部、文化部的有关意见，做好"历史文化保护区"的保护工作。

对优秀近代建筑物的调查和鉴定意味着中国建筑遗产又增添了新的内容，近代建筑遗产的保护工作正式开始。这次的调查工作的成果就反映在"第四批全国重点文物保护单位名单"中。

1992年

1991年全国人大常委会对《中华人民共和国文物保护法》进行了修改和补充，使其条文内容更加明晰，特别调整了有关惩罚的条款。于1992年5月发布了《中华人民共和国文物保护法实施细则》。

1994年1月

国务院公布了"第三批国家历史文化名城名单"，包括37个城市[1]。

9月，建设部和国家文物局共同发布了《历史文化名城保护规划编制要求》，具体、明确地规定了历史文化名城保护规划的编制原则、所需的基础资料、保护规划成果的组成内容和要求。以使历史文化名城保护规划的编制和规划的管理工作能够规范、科学地进行。

1996年6月

在黄山屯溪召开了"历史街区保护（国际）研讨会"，由建设部城市规划司、中国城市规划学会和中国建筑学会联合举办。会议指出：历史街区的保护已经成为保护历史文化遗产的重要一环。并以屯溪老街作为试点进行保护规划的编制和实施以及相配套的管理法规的制定、保护

---

[1] 第三批国家历史文化名城——正定、邯郸、琼山、乐山、都江堰、泸州、建水、巍山、江孜、咸阳、汉中、天水、同仁、新绛、代县、祁县、吉林、哈尔滨、集安、衢州、临海、长汀、赣州、青岛、聊城、邹城、淄博、郑州、浚县、随州、钟祥、岳阳、肇庆、佛山、梅州、雷州、柳州。2000年后又公布了两个历史文化名城，山海关和凤凰。

资金的筹措等的实践探索。

1996 年 11 月

国务院公布“第四批全国重点文物保护单位名单”。共计 250 处，六大类 ——古遗址(56 处)、古墓葬（22 处)、古建筑（110 处)、石窟寺及石刻（10 处)、近现代重要史迹及代表性建筑（50 处)、其他（2 处)。

从第四批开始，全国重点文物保护单位的类型重新划分，仍是六大类，原来的“革命遗址及革命纪念建筑物”这一类型由“近现代重要史迹及代表性建筑”代替；“古建筑及历史纪念建筑物”改为“古建筑”；“石窟寺”和“石刻”并为一类；原来与“石刻”划分为一类的“其他”独立出来，列入那些不易归入其余五种类型的建筑遗产。比如第四批全国重点文物保护单位中的“其他”类型有两处，四川泸州的泸州大曲老窖池（明）和陕西延长的延一井旧址（清)。

经过重新划分，文物保护单位的类型较以前清晰、合理，首先依据大的时间标准划分古代和近现代两个集合，再依据功能性质将古代集合划分为五个类型。而以前则是将时间和性质两个标准并列使用的。

文物保护单位类型划分的变化也反映出关于保护的概念与认识的新发展。

1997 年 8 月

在建设部转发的《黄山市屯溪老街历史文化保护区管理暂行办法》通知中，对“历史文化保护区”的意义和作用进行了明确的阐释：

“历史文化保护区是我国文化遗产的重要组成部分，是保护单体文物、历史文化保护区、历史文化名城这一完整体系中不可缺少的一个层次，也是我国历史文化名城保护工作的重点之一。”

历史文化保护区制度由此建立起来，文物建筑 + 历史文化保护区 + 历史文化名城的多层次保护体系基本形成。

1998 年 4 月

“中国—欧洲历史城市市长会议”在苏州召开。会议主题是：历史城市的保护和发展。会议通过了《保护和发展历史城市国际合作苏州宣言》，提出了关于历史城市的基本观点：在当今城市国际化和各种飞快转变的急流中，唯有各自的历史街区、传统文化，才能显示出一个城市的身份和城市的文化归属。如何把它保护好，使其继续长存下去，已经成为城市整体发展中最根本的因素。

2000 年 10 月

国际古迹遗址理事会中国国家委员会发布了《中国文物古迹保护准则》。这是中国文物保护领域的行业规则，它的制定对于我国的文物保护事业意义重大。一方面，这是对我国多年以来逐渐积累的保护理论与实践操作方法的系统总结和整理，以及对现有保护法规的阐释与说明；另一方面，这是对现有保护理论与观念的拓宽和发展，以使其能够应对在快速变化的社会环境中文物保护工作不断面临的新问题、新状况。

《准则》发布以来，在实际的文物保护工作中已经发挥了积极有效的作用，同《文物保护法》一起成为目前我国文物保护工作的主要理论依据与指导原则。

2001 年 6 月

国务院公布“第五批全国重点文物保护单位名单”。共计 518 处，六大类 ——古遗址(144 处)、古墓葬（50处）、古建筑（248处）、石窟寺及石刻（31处）、近现代重要史迹及代表性建筑（40处）、其他（5处）。

2002年10月

经第九届全国人大常委会修订通过的《中华人民共和国文物保护法》公布施行。

这是1982年《中华人民共和国文物保护法》公布施行后的首次修订，是根据20年来中国文物保护工作的发展状况对原文物保护法进行的全面修改、补充和完善，意义重大。原《中华人民共和国文物保护法实施细则》也随之修改，新的《中华人民共和国文物保护法实施条例》于2003年5月由国务院公布，2003年7月1日起施行。

2003年11月

国务院公布了第一批“中国历史文化名镇”[1]（10个）和第一批“中国历史文化名村”[2]（12个）名单。

2003年

广州从化太平镇广裕祠（陆氏宗祠）获得联合国教科文组织2003年度文化遗产保护竞赛“亚太地区文化遗产保护杰出项目奖第一名”。

2004年6月

每年一次的“世界遗产大会”（第28届）在苏州召开。

2005年10月

国际古迹遗址理事会第15届大会在西安召开，这是国际古迹遗址理事会首次在东亚地区召开大会。大会发布了《西安宣言——保护历史建筑、古遗产和历史地区的环境》。《宣言》系统地对建筑遗产的环境的保护问题进行了专门研究，对建筑遗产的环境给出了清晰的定义，指出保护建筑遗产的环境既包括物质性内容的保护，也包括非物质性内容的保护。

《宣言》针对的是当前世界遗产保护所面临的普遍问题和城市发展的状况，并体现了亚太地区遗产保护工作的特点。其主旨在于为建筑遗产环境的评估、管理、保护提供方法、建议以及操作指南；从更广泛的层面鼓励各类群体参与遗产保护并使之从中受益；并提出采用多方面的文化、社会和经济手段实现遗产环境保护和管理的可持续发展。

2006年6月

国务院公布“第六批全国重点文物保护单位名单”。共计1080处（另有与现有全国重点文物保护单位合并的项目106处），六大类——古遗址（220处）、古墓葬（77处）、古建筑（513处）、石窟寺和石刻（63处）、近现代重要史迹及代表性建筑（206处）、其他（1处）。

截至2010年，我国共有全国重点文物保护单位2348处（分六批公布），国家历史文化名城101个（分三批公布），中国历史文化名村、名镇22个。

列入《世界遗产名录》的遗产共计40处[3]，其中列入《文化遗产名录》的32处，包括文化

---

❶ 山西省灵石县静升镇，江苏省昆山市周庄镇、吴江市同里镇、苏州市吴中区甪直镇，浙江省嘉善县西塘镇、桐乡市乌镇，福建省上杭县古田镇，重庆市合川县涞滩镇、石柱县西沱镇、潼南县双江镇。

❷ 北京市门头沟区斋堂镇爨底下村，山西省临县碛口镇西湾村，浙江省武义县俞源乡俞源村、武义县武阳镇郭洞村，安徽省黟县西递镇西递村、黟县宏村镇宏村，江西省乐安县牛田镇流坑村，福建省南靖县书洋镇田螺坑村，湖南省岳阳县张谷英镇张谷英村，广东省佛山市三水区乐平镇大旗头村、深圳市龙岗区大鹏镇鹏城村，陕西省韩城市西庄镇党家村。

❸ 至2010年7月，“世界遗产”全世界共有911处，分布在151个成员国，其中文化遗产704处，自然遗产180处，自然与文化双遗产27处（亚洲共有133处，分布在21个国家）。

遗产27处，自然与文化双遗产4处，文化景观1处❶；列入《自然遗产名录》的8处❷。

TWO

2006年10月

国务院公布了《长城保护条例》，这是中国第一个针对一个具体建筑遗产制定的保护条例，目的在于“加强对长城的保护，规范长城的利用行为”。根据长城的特征提出了“科学规划、原状保护”的原则和“整体保护、分段管理”的保护方法。

2007年5月

中国国家文物局、国际文物保护与修复研究中心、国际古迹遗址理事会和联合国教科文组织的世界遗产中心在北京联合举办了“东亚地区文物建筑保护理念与实践国际研讨会”，会后形成了《东亚地区文物建筑保护理念与实践国际研讨会北京文件》。

此次会议针对世界遗产委员会第30届大会对北京故宫、天坛和颐和园正在进行的修复工作提出的质疑与争议（质疑这三处世界文化遗产所进行的大规模保护维修工程是否过于仓促，是否缺少足够的根据，是否有清晰系统的保护指导准则）进行了研讨，这是对遗产保护原则和实践的争议展开的一次后续行动，争论的焦点还是集中于真实性与完整性、理论与可操作性这些核心问题上。《北京文件》重点阐述了保护原则、文化多样性与保护、真实性、完整性、保存与修整、木结构油饰彩画等问题。

---

❶ 中国的世界文化遗产（括号内的年份为列入《世界遗产名录》的时间）——1．长城（The Great Wall，1987年）；2．明清皇宫（北京故宫、沈阳故宫）（Imperial Palace，1987年）；3．泰山（Mount Taishan，1987年）——自然与文化双遗产；4．莫高窟（Mogao Caves，1987年）；5．秦始皇陵及兵马俑坑（Mausoleum of the First Qin Emperor，1987年）；6．周口店北京人遗址（Peking Man Site at Zhoukoudian，1987年）；7．黄山（Mount Huangshan，1990年）——自然与文化双遗产；8．承德避暑山庄及周围庙宇（Mountain Resort and its Outlying Temples，Chengde，1994年）；9．曲阜孔庙孔林孔府（Temple and Cemetery of Confucius and the Kong Family Mansion in Qufu，1994年）；10．武当山古建筑群（Ancient Building Complex in the Wudang Mountains，1994年）；11．拉萨布达拉宫历史建筑群（Historic Ensemble of the Potala Palace，Lhasa，1994年）；12．庐山国家公园（Lushan National Park，1996年）——文化景观；13．峨眉山风景名胜区（包括乐山大佛）（Mount Emei Scenic Area，Including Leshan Giant Buddha Scenic Area，1996年）——自然与文化双遗产；14．平遥古城（Ancient City of Pingyao，1997年），15．苏州古典园林（Classical Gardens of Suzhou，1997年）；16．丽江古城（Old Town of Lijiang，1997年）；17．颐和园（Summer Palace，an Imperial Garden in Beijing，1998年）；18．北京天坛（Temple of Heaven：an Imperial Sacrificial Altar in Beijing，1998年）；19．武夷山（Mount Wuyi，1999年）——自然与文化双遗产；20．大足石刻（Dazu Rock Carvings，1999年）；21．青城山—都江堰（Mount Qingcheng and the Dujiangyan Irrigation System，2000年）；22．皖南古城：西递和宏村（Ancient Villages in Southern Anhui – Xidi and Hongcun，2000年）；23．龙门石窟（Longmen Grottoes，2000年）；24．明清皇家陵寝（Imperial Tombs of the Ming and Qing Dynasties，2000年）；25．云冈石窟（Yungang Grottoes，2001年）；26．古代高句丽王国的王城及王陵（Capital Cities and Tombs of the Ancient Koguryo Kingdom，2004年）；27．澳门历史城区（The Historic Centre of Macao，2005年）；28．中国安阳殷墟（YinXu，2006年）；29．开平碉楼与村落（Kaiping Diaolou and Villages，2007年）；30．福建土楼（Fujian Tulou，2008年）；31．五台山（Mount Wutai，2009年）；32．登封历史建筑群（Historic Monuments of Dengfeng in "The Centre of Heaven and Earth"，2010年）。

❷ 33．黄龙（Huanglong Scenic and Historic Interest Area，1990年）；34．九寨沟（Jiuzhaigou Valley Scenic and Historic Interest Area，1992年）；35．武陵源风景名胜区（Wulingyuan Scenic and Historic Interest Area，1992年）；36．云南三江并流（Three Parallel Rivers of Yunnan Protected Areas，2003年）；37．四川大熊猫栖息地（Sichuan Giant Panda Sanctuaries – Wolong，Mt Siguniang and Jiajin Mountains，2006年）；38．中国南方喀斯特（South China Karst，2007年）；39．江西三清山国家公园（Mount Sanqingshan National Park，2008年）；40．中国丹霞（China Danxia，2010年）。

2010年1月

国家文物局制定、发布了《国家考古遗址公园管理办法（试行）》。对近年来日益增多的“考古遗址公园”提出了具体的建设与管理的要求，并定义了“考古遗址公园”的概念——“本办法所称国家考古遗址公园，是指以重要考古遗址及其背景环境为主体，具有科研、教育、游憩等功能，在考古遗址保护和展示方面具有全国性示范意义的特定公共空间”。同时发布了《国家考古遗址公园评定细则（试行）》，规定了评定的各项内容。评定的主要内容包括遗址价值，区位条件、基础及环境条件，遗址考古、研究与保护的状况，遗址展示与阐释的状况。

我国有关建筑遗产保护的重要法规及文件见表2–3。

我国有关建筑遗产保护的重要法规及文件一览表 表2–3

序号	名称	发布机构	发布时间
1	《古文化遗址及古墓葬之调查发掘暂行办法》	中央人民政府政务院	1950年5月
2	《中央人民政府政务院关于保护古文物建筑的指示》	中央人民政府政务院	1950年7月
3	《关于在基本建设工程中保护历史及革命文物的指示》	中央人民政府政务院	1953年10月
4	《关于在农业生产建设中保护文物的通知》	国务院	1956年4月
5	《文物保护管理暂行条例》	国务院	1961年3月
6	《关于进一步加强文物保护和管理工作的指示》	国务院	1961年3月
7	《文物保护单位管理暂行办法》	文化部	1963年4月
8	《加强文物保护工作的通知》	国务院	1974年8月
9	《关于保护我国历史文化名城的请示》	国家建委、国家城建总局、国家文物局提交	1982年2月
10	《中华人民共和国文物保护法》	全国人大	1982年11月
11	《纪念建筑、古建筑、石窟寺等修缮工程管理办法》	文化部	1986年7月
12	《关于重点调查、保护优秀近代建筑物的通知》	建设部、文化部	1988年11月
13	《中华人民共和国文物保护法实施细则》	全国人大	1992年5月
14	《历史文化名城保护条例》	建设部、国家文物局	1993年
15	《历史文化名城保护规划编制要求》	建设部、国家文物局	1994年9月
16	《黄山市屯溪老街历史文化保护区管理暂行办法》	建设部	1997年8月
17	《中国文物古迹保护准则》(*Principles for the Conservation of Heritage Sites in China*)	国际古迹遗址理事会中国国家委员会	2000年10月
18	《中华人民共和国文物保护法（修订）》(*The Law of the Peoples Republic of China on Protection of Cultural Relics*)	全国人大	2002年10月修订
19	《文物保护工程管理办法》	国家文物局	2003年5月
20	《中华人民共和国文物保护法实施条例》	国务院	2003年5月
21	《全国重点文物保护单位保护规划编制审批办法》	国家文物局	2004年8月

续表

序号	名称	发布机构	发布时间
22	《全国重点文物保护单位保护规划编制要求》	国家文物局	2004 年 8 月
23	《长城保护条例》	国务院	2006 年 10 月
24	《国家考古遗址公园管理办法（试行）》	国家文物局	2010 年 1 月
……	……	……	……

资料来源：作者自制。

中国建筑遗产保护基础理论

建筑遗产的价值

THREE

第三章　建筑遗产的价值

THREE

第一节　关于建筑遗产价值的基本概念

一、建筑遗产价值的基本概念

建筑遗产的价值是建筑遗产保护工作需要讨论的一个基本的问题，我们保护建筑遗产就是因为它们具有价值。表面上直接作用于建筑遗产本体的所有保护行为其最终目标都是为了建筑遗产价值的保护。我们只有了解和把握了建筑遗产的价值，才能了解和把握保护的具体内容、具体对象，然后才能进一步知道怎样保护，确定采取什么保护方法，选择哪些相应的保护手段。因此，从这个意义上来说，建筑遗产价值的评价是建筑遗产保护工作的基点，也是起始点。

建筑遗产的价值包含哪些方面的内容？换句话说，建筑遗产的价值是由哪些内容构成的呢？

关于价值的内容构成目前有多种看法。在我国，长期以来对建筑遗产价值问题的阐述往往是以“我们为什么要保护古建筑”的方式展开的，涉及的价值内容主要有历史的、艺术的、科学的、传统文化的和爱国主义教育的，等等。2002 年修订的《中华人民共和国文物保护法》（以下简称《文物保护法》）第一章“总则”中的第二条、第三条都是对价值的说明，将其划分为历史价值、艺术价值、科学价值以及史料价值几个方面[1]。前三个方面是针对古代的建筑遗产的，类型包括古文化遗址、古墓葬、古建筑、石窟寺、石刻及壁画。史料价值主要用于近现代建筑遗产，类型以近现代的革命史迹、纪念地、纪念建筑为主。

我国的《文物保护法》所归纳的历史、艺术、科学三个方面的价值，其着眼点在于建筑遗产所见证的信息的价值。但是它们各自的内容所指与涵盖范围还缺少明确的界定。比如说历史价值，在实际的价值评价中，许多信息都涉及历史价值。对于这个分类体系中的其他两个方面的艺术和科学价值以及未提到的其他方面的价值来说，历史价值都可以说是构成它们的基础内容之一，因为历史价值包含有时间这一价值评价的基本量度，对各方面的价值都会产生程度不同的影响。

---

[1] 《中华人民共和国文物保护法》（2002 年修订）第一章　总则　第二条：“在中华人民共和国境内，下列文物受国家保护：（一）具有历史、艺术、科学价值的古文化遗址、古墓葬、古建筑、石窟寺和石刻、壁画；（二）与重大历史事件、革命运动或者著名人物有关的以及具有重要纪念意义、教育意义或者史料价值的近代现代重要史迹、实物、代表性建筑；”第三条：“古文化遗址、古墓葬、古建筑、石窟寺、石刻、壁画、近代现代重要史迹和代表性建筑等不可移动文物，根据它们的历史、艺术、科学价值，可以分别确定为全国重点文物保护单位，省级文物保护单位，市、县级文物保护单位。”

《文物保护法》在界定近代和现代的建筑遗产时又使用了“史料价值”，这一内容显然与上述的历史价值、艺术价值、科学价值不处在同一范畴中，着眼点又落在了建筑遗产所能够发挥的功能作用上。

《文物保护法》的这个价值构成内容的分类体系只是概括了价值的一些方面，遗漏的、忽略的更多一些。若从所见证的信息的角度出发，除了历史价值、艺术价值、科学价值之外还应该有考古价值、人类学价值、社会学价值、建筑学与城市规划的价值、环境与生态的价值等许多方面。若从建筑遗产能够发挥的功能作用的角度出发，则有使用价值（延续原有使用功能或是承担新的使用功能）、教育价值（进行爱国主义教育、传统文化教育及革命传统教育）等。

在《保护世界文化和自然遗产公约》（1972 年）和《关于在国家一级保护文化和自然遗产的建议》（1972 年）中，关于“文化遗产”的定义提出的是考古、艺术、科学、人种及人类学方面的价值。在“自然遗产”的定义中又增加了审美方面的内容。这基本上是以文化遗产所见证的信息作为划分价值内容构成的依据的。不过，《保护世界文化和自然遗产公约》对“文化遗产”的定义是区分了类型的，本文所指的建筑遗产分属于不同的类型——单体的建筑物属于“文物”（monuments），建筑群（groups of buildings）是独立的一个类型，建筑遗址与考古遗址属于“遗址”（site）。在这些文化遗产不同类型的定义中对价值的内容构成又进行了进一步的说明，如“建筑群”一类增加了景观与环境的内容（这又指的是遗产所发挥的作用），审美、人种学与人类学方面的价值内容只用在“遗址”这一类型中。

曾任国际文物保护与修复研究中心总部主任、英国国际古迹遗址理事会主席和联合国教科文组织的文物保护顾问的英国人 B.M.Feilden 博士总结归纳过欧洲人对于建筑遗产价值的多方面认识，划分为情感价值、文化价值和使用价值[1]。情感价值指建筑遗产在认同作用、历史延续感、象征性、宗教等方面发挥的作用；文化价值指文献的、历史的、考古的、审美的、建筑的、人类学的、景观与生态的、科学和技术的价值；使用价值指功能的、经济的、社会的、政治的价值。这是以建筑遗产所具备的功能作为划分价值的内容构成的依据。

以见证的信息为依据划分价值的内容构成和以建筑遗产的功能作用为依据划分价值的内容构成在根本上是源自于对“价值”的不同理解。前者是将价值理解为建筑遗产的固有属性之一，对遗产性质、内容的了解、掌握就决定了价值的内容构成；后者是把建筑遗产放在社会这个大系统中去探究它能够发挥的作用，着眼点不仅在遗产自身，还在于遗产与社会其他因素的关系。

以本文的观点，建筑遗产的价值应该理解为建筑遗产在当今社会里能够发挥的作用，以及对于生活在当今社会里的人们所具备的意义。

这样理解价值就把建筑遗产的价值问题放入到整个的社会系统中，不仅能够全面认识、理解建筑遗产本身，更能够廓清和把握建筑遗产同整个社会的相互关系、与社会中其他方面因素的相互作用和相互影响。于是建筑遗产的价值就不再只是局限在某些特定领域或范围之内的问题了，而是与社会中的多方面因素建立了联系。把建筑遗产的价值问题同其他社会因素的关系分析清楚、把握准确，可以使我们明确保护什么和怎样保护，怎样处理保护同其他社会问题的关系。

---

[1] 见：B · M · 费尔顿．欧洲关于文物建筑保护的观念 [J]. 世界建筑，1986（3）.

二、对《文物保护法》中文物的四个价值的理解和阐释

THREE

《文物保护法》对其使用的文物的四个价值——历史价值、艺术价值、科学价值和史料价值没有给出定义和解释，本文在此针对建筑遗产来阐释这四个价值。

1. 历史价值

遗产的历史价值是由遗产的基本属性之一的时间属性所赋予的，是遗产因经历了时间而产生或者说获得的价值。历史价值是遗产的基本价值，因为遗产是人类在过去时间内的创造活动遗留下来的实物，都经历过一定的时间，都能够见证它所产生、形成的那个历史时间点（段）的人类活动。也正是由于遗产具有时间属性，历史价值作为遗产的基本价值还同时表现在遗产其他方面的价值中，也就是说遗产其他方面的价值中都包含有历史价值的内容。

建筑遗产的历史价值都有哪些具体的内容呢?

一是见证了某个历史时间点或某个历史时间段内的人类生活、社会发展的各方面状况，一方面是物质层面的状况，包括社会所达到的物质生产水平，国家、族群及个人所创造、拥有的物质财富的情况，社会生产与日常生活的物质资料的情况等。另一方面是非物质层面的状况，包括该历史时间内人们的生活方式、社会习惯和风尚、思想观念、价值取向、精神面貌等。这一部分内容可以说是遗产的历史价值的最主要、最核心的内容，它涵盖了历史价值的方方面面，是历史价值得以具备的基础。

二是见证了某一个重要的历史事件或历史活动、或某一个重要的历史人物的活动，也就是能够提供该历史事件、历史活动及历史人物的行为活动曾经发生、进行的具体的、真实的、确切的物质空间环境，赋予了文献记载可视的、有形的、具有时间坐标和空间坐标的物质特性。

三是证实、更正和补充、完善、丰富了文献记载的内容。只利用文献研究历史是不够可靠的，文献典籍在流传、使用、制作形成的过程中会产生各种谬误、疏漏、不实及相互矛盾的内容，对于文献中存在的这些问题和缺陷只能通过具体的、实在的遗产去解决和弥补。二者相互补充、相互印证，才能够给我们提供比较接近于历史的、真实的信息。

四是稀缺性甚至是唯一性，这使遗产具有了突出的历史价值。稀缺性的产生主要有两种原因，一种是因时间而产生的稀缺性，一些历史时期由于距今非常久远，使得能够留存到今天的这些历史时期的建筑实物的数量非常稀少，因而它们具有突出的历史价值。另一种原因是某些类型的建筑遗产由于受多种历史因素的影响（时间久远只是其中的一个影响因素），现存数量也十分稀少，因而具有了突出的历史价值。当然，有些建筑遗产同时具备了时间久远和类型稀少两方面的稀缺性，那就更显珍贵、历史价值更为突出了。

2. 艺术价值

艺术价值见证着建筑遗产在它被创造产生、使用延续的历史时间中人们的审美情趣、艺术观念和风尚，以及时代的精神特质。艺术价值是建筑遗产所具有的既能够作用于人的理智，又能够诉诸于人的感官和情感的审美的价值。人们可以通过自身不同的方式、途径去感觉、体会、品味、领悟、欣赏……建筑遗产所具有的艺术价值。

艺术价值也包含有丰富的内容，一是建筑遗产自身的艺术特质，一方面包括城市与建筑物的空间、场所（大小、尺度、比例、光影、明暗、色彩、空气流动、气味、温度……），建筑物的造型、色彩、装饰细节，以及建筑遗产中所包含的各种具有美感、形式感的构件和组成部分，不论这些构件和组成部分在产生之初是否是专为艺术或美的目的而创造出来的；另一方面包括

建筑遗产同与之相关的社会人文环境和自然环境共生共存而培育、形成的景观。二是依附于建筑遗产的各种类型的可移动或不可移动的艺术品，如壁画、雕塑、碑刻、造像、家具、陈设品等，它们都是建筑遗产不可分割的组成部分。三是建筑遗产体现、表达出的艺术风格和艺术处理手法及其达到的艺术水准。这些艺术风格和艺术水准是带有时间烙印，具有时代特征的。四是作为艺术史的实物资料，提供直观、形象、确实的艺术史方面的信息。

艺术价值的这四个方面的内容都是同时包含着历史价值的，建筑遗产自身的艺术特质和建筑遗产所包含的各类艺术品，都是在某个具体的历史时间里形成的，以那个历史时间的社会发展状况为背景、为条件的。建筑遗产与相关的社会环境和自然环境共同构成的景观更是许多个不同历史时间的印记的叠加和积淀。艺术风格和艺术水准也都是建筑遗产时代特征的组成内容。至于作为艺术史料，其中包含的历史价值就更无须多言了。

3．科学价值

建筑遗产的科学价值是指建筑遗产见证它所产生、使用和存在、发展的历史时间内的科学、技术发展水平和知识状况的价值。

科学价值包含的具体内容，一是建筑遗产本身所记录、说明的各方面的建造技术，包括选址、规划布局、设计、选材、原材料加工、构件加工制作、施工组织与管理等多个方面；二是能够作为科学技术史和多方面的专门技术史的实物资料；三是曾经作为历史上某种科学技术活动的空间、场所，见证了该活动、事件的发生和进行。

科学价值的这三个方面的内容也同时包含着历史价值。建筑遗产自身的建造技术和科学技术史、专门史的资料都是属于某一个或几个特定的历史时期的，只有在具体的历史时间内，我们才能够去讨论、评价这种建筑技术的合理性、科学性、先进性，因为历史时间给建筑技术的发展、演进提供了一个基本的维度和参考坐标。作为史料的价值同样也是如此，建筑遗产提供给我们的信息资料都是属于某一个或几个特定的历史时间的。

4．史料价值

史料价值是指建筑遗产能够为研究、揭示、证实、补充历史提供信息的价值。史料价值同历史价值一样，也是遗产的基本价值，也就是说凡是遗产都具有史料价值，在上述的三方面价值中都包含着史料价值的内容。

第二节　价值的内容构成

本文将价值的内容构成归纳概括为信息价值、情感与象征价值、利用价值三个方面。

一、信息价值

建筑遗产可以使我们认知、了解它所赖以产生并存在的那个历史时间及社会环境的各方面状况，遗产承载的信息，涵盖历史的、社会的、文化的、科学的、艺术的、政治的、经济的等诸多方面，这就是建筑遗产的信息价值。借助这些信息，我们可以一定程度地复原或再现该建筑遗产产生和存在的社会状况，形成一段时间内较完整的片段，使建筑遗产在我们的知识体系中不再是一个生存环境已经消亡的历史时期的孤独的遗留物，而是一个阶段社会文化发展的一

个结果，一段历史时间中的一个凝结点。

1. 信息价值的种类

根据建筑遗产见证的信息内容，我们可以更具体地把信息价值划分为以下种类：历史的、艺术的、科学技术的、文献的、考古的、社会学的、经济学的、生态的、宗教的……

其中几个主要内容需要加以说明：

(1) 历史价值——是见证历史的价值，建筑遗产见证了社会、政治、经济、文化的发展、变迁、更替，见证了各种历史事件的发生、进行，见证了众多历史人物的活动，见证了人们的日常生活。

历史价值是遗产的基本价值，在遗产的各个方面的价值中都包含有历史价值的内容。

(2) 科学技术价值——指建筑遗产从原材料的获取、加工到制作完成的这个社会生产活动中体现出来的社会生产力水平，社会经济状况和社会科学、技术的发展水平。在建筑遗产的制造技术中所包含的技术先进性是评价科学与技术价值的重要方面。另外，还要把该技术放入到当时的整个社会中去考察与评价其合理性、应用的普遍性和经济性。注意在评价科学与技术价值时依据的标准，不是以我们今天的科学技术所达到的水平去衡量，而是要以该建筑遗产当时所处的历史阶段的科学、技术的发展水平去衡量其技术先进性、合理性、普及性和经济性。

科学技术价值除了给我们提供关于科学、技术自身的发展水平与成果的信息之外，还能够提供其他有关社会文化方面的信息。由于完成同样的建造任务会有不止一种技术手段，那么不同技术手段的选择就反映了人们对建造任务的不同认识。越先进、越高级、越复杂或者难度越高的技术的采用，说明这个建造任务的重要性和受社会重视的程度。也就是说，建造技术的不同，直接反映了该建筑的重要性的不同。所以都城建设、宫殿及其他皇家建筑、国家主持的大型工程往往集中了当时最先进的技术，达到很高的技术水平，科技含量很高，是我们今天进行相关专业研究的重要资料。

(3) 艺术价值——包括艺术的类型、艺术的风格、艺术的创作手法、审美观或者审美情趣等内容。艺术价值不仅仅包含在其中作为艺术品创造出来的部分，还渗透在作为非艺术品创造出来的各个部分中。这些部分最初并不是作为艺术品制作出来的，但是这不等于说它们不具有艺术品的特质和审美的特征。在实际当中，往往正是这些"非艺术"的东西比艺术品更具说服力地、真实地体现它们所产生的那个历史时期里的普遍的、大众的审美观或审美情趣。

分析建筑遗产的艺术价值还能使我们获得其他的社会文化信息，那就是一个建筑遗产中含有的艺术创作成分越多，说明它在当时的社会中越受到社会的重视和承认。

2. 信息价值的实例分析

下面以长城作为实际案例对信息价值进行具体分析。

1) 历史价值

长城自春秋战国至明代的屡次营建、修缮，反映了不同历史时期农耕民族和游牧民族之间错综复杂的关系，既有冲突、战争，又有人口流动、商业往来、文化传播，生动地见证了中国历史上各民族间的交流与融合；历史上多次关系到朝代更替的重要战争在长城及其附近地区发生，长城见证了这些重要的历史事件，同时也见证了参与这些历史事件的重要历史人物的活动；长城见证了边境地区各方面的社会状况，从防御戍边、屯田垦荒到商贸往来、日常生活；长城自身包含有目前尚未获知的丰富历史信息，对其进行实地考察、探询研究，可以证实、补充、纠正文献所提供的历史信息；长城在不同历史时期反复不断地营建、修缮，记录了不同时期长城这一国家防御体系为适应变化的政治要求而进行的调整、改进。

2）科学技术价值

长城表达了中国古代的建筑观念，其中蕴涵着中国传统文化的特质与精神；长城不仅仅是一条孤立的线状墙体，而是由城堡、城台、烽燧、关城等一系列防御设施构成的完备的防御体系，它全面记录了中国古代军事防御体系的构成内容与构成方式；长城的规划设计与建造承载着大量的科学技术信息，在选址布局方面，充分利用自然地形地势修筑墙体，将关城设立在山口、山河交界处、重要道口，既便于防守又利于交通；长城的结构、材料和构造工艺记录了当时的科学技术水平。长城跨越了地形极为复杂、自然条件不同的广大地域，就地取材、因地制宜地进行建造，墙体高度视地形起伏而定，采用了黄土夯筑、块石干垒、砖石混合以及树枝与沙石混筑等多种材料与构筑方式，见证了不同历史时期建筑技术的进步、发展和新材料的发明、使用与普及；长城还反映了古代军事防御技术进步和发展的过程；长城不只是特定历史时期军事防御的产物，更是古代劳动人民在建造技术方面的杰作。

3）艺术价值

长城体现出了高度的建筑艺术，高大雄伟的城台、烽燧，沿山脊修筑的墙体起伏于崇山峻岭之间、蜿蜒于莽原戈壁之上，气势磅礴；构成长城这一防御体系的各个组成部分，城台、城楼等记录了不同历史时期的建筑风格与艺术特点；长城是伟大的景观艺术，是融入自然当中的人文景观，以贯穿大地的尺度成为建筑与自然完美结合的典范；长城还包含有数量丰富的浮雕、碑刻、塑像等相关的艺术品，见证了不同历史时期造型艺术的特点与时代风格的演化。

3．特征信息与遗产类型

建筑遗产所见证的各方面信息在数量、重要性、典型性等方面并不都是均衡的，总有一个或几个方面比其他方面表现得比较突出、信息量充足、具有典型性和更为重要的意义，我们可以称之为特征信息。比如一处建筑遗产，它所见证的信息涉及历史、考古、社会学、科学和技术、建筑与城市规划、景观、艺术、文化研究多个方面，但是其中以景观和艺术方面的信息最为突出、丰富、典型，在今天表现出更为重要的意义，那么这两个方面的信息就是这处建筑遗产见证的特征信息。

我们可以根据建筑遗产的特征信息，从价值的角度对建筑遗产进行重新分类。习惯使用的分类方法是以物的分类为基础划分建筑遗产的类型，例如宫殿建筑、园林建筑、宗教建筑、工业建筑等。如果从价值研究的角度，突破物的分类的限制，根据建筑遗产所见证的特征信息，可以把建筑遗产分为历史遗产、考古遗产、社会学遗产、经济学遗产、科学与技术遗产、景观遗产、艺术遗产、文化遗产、宗教遗产等。

按照信息分类的方法与按照物自身的类型分类的方法产生自看待建筑遗产的不同视角，前者的着眼点在价值，建筑遗产只是价值的物质依托或载体；后者的着眼点在建筑遗产。当研究目的不同时就可以采用不同的建筑遗产的分类方法，以利于研究工作的进行。

4．认知信息价值的手段

我们对于信息价值的认知需要借助一定的手段，这个手段主要就是学术研究。信息价值潜藏在建筑遗产的物质形体中，不是直观地表露在外。专业人员在面对建筑遗产时，虽然可以凭感性认识、凭专业经验判定其具有某些方面的信息价值以及价值的大小，但是要能够把信息价值全面、完整、到位地揭示出来，还是必须依靠正式的、多学科分工协作的学术分析、研究。所以信息价值具有研究性、学术性的内在属性。

以正式的、专业的学术研究成果为基础，再借助书籍、各种新闻媒介、博物馆的展览、各种专题讲座、报告等，信息价值才能走出学术研究的圈子，传达到社会，传播到公众中，使之得到普遍的认识和了解。

由于信息价值的认识需要借助学术研究，那么学术研究的方法和技术就决定了我们认识信息价值的能力和程度。随着分析技术的更新、进步及突破，在原有研究方法和手段下没有表现出什么价值的或是价值一般的内容可能就会呈现出重要的价值，就像新发现的新材料一样。除了研究技术的发展、研究思路的转换、研究切入点的改变外，研究目标、研究方向的调整也都会产生上述的可能情况。所以，不要轻易地判定某遗产没有价值或价值不高，我们对所有事物都有一个渐进的认识和发现过程。客观的物质技术手段和主观的思想观念都是影响价值认识的因素，在进行价值评估时也需要将这一因素考虑在内。

二、情感与象征价值

情感与象征价值是指建筑遗产能够满足当今社会人们的情感需求，并具有某种特定的或普遍性的精神象征意义。就像人们认识自己，关于自身的形象由其记忆的沉淀所构成。个人的自我认同意识在一定程度上是这个人现在对其过去的认识。由此推及一个群体、一个民族、一个国家，莫不如是。而建筑遗产即是各种记忆沉淀中有着实在的物质形体的一种。

建筑遗产不仅有可视的、可触摸的物质外形与实体，又有可以感知、可以体会的精神内涵，是承载着多领域、多学科知识的综合体，可以被提炼、概括、升华为文化符号或者精神象征物。它凝聚着与其所在地区、社会、国家和族群的历史、文化、自然环境的精神联系，是一个地区、一个族群、一个国家的人们共同的情感基础。例如前文所举的长城，由于充分显示了中国古代人民的创造力从而成为中华民族的精神象征，寄托着中华民族共同的情感。

情感与象征价值具体包含以下内容：文化认同感；国家与民族归属感；历史延续感；精神象征性；记忆载体（个人的记忆，集体的记忆，民族的记忆，地区的记忆，国家的记忆）……

情感与象征价值在当今社会越来越深刻地被认识到、体会到，其作用越来越突出，越来越受到关注。其核心即是文化认同作用，通过寻找民族和国家的文化落脚点和文化归属在当今多元的社会文化中产生出向心的凝聚作用。情感与象征价值具有一种由来已久的特质，它体现、揭示的是人类生活中连续不断的种种事件、种种场景、种种瞬间。在不经意之间触动我们的记忆和经验，提醒我们意识到这一代人跟过去历史的联系。历史能够激发生命延续性的意识，使我们本能地回想起某些我们共有的体验和情感，由此激发出我们的乡土意识、族群意识和家国意识。在欧洲国家，建筑遗产的这种“文化认同”作用历来都受到政府的重视与强调，被视作国家独立和历史合法性的象征。在那些经历了国家解体和社会制度剧变的东欧及前苏联国家，建筑遗产的这一功能作用就更显得突出。回溯到第二次世界大战结束后，华沙、德累斯顿、考文垂等毁于战火的城市的大规模重建活动也是基于同样的原因。对于城市与建筑所表征的民族与国家历史的需求，不论是过去，还是现在以及将来，都将是社会的基本精神需求之一。

情感与象征价值大多是在使用过程中随时间的改变逐渐累积形成的，可以说它是时间的沉淀。社会文化意识、社会文化背景不同，对情感与象征价值的判定就会不同，认识的深度、判定的角度、是否承认这一价值的存在与重要性的出发点也就不同。同样一个建筑遗产，可以被人们判定为具有很高的情感与象征价值，也可能被不同社会文化背景下或是有不同历史传统、不同生活经历的人们认为是没有价值的。相对于信息价值，情感与象征价值表现出较多的主观色彩。对建筑遗产的信息价值进行表述时，我们会说“这个建筑很重要”、“这个建筑很好”，而在说到情感与象征价值时，我们会用“我们喜欢这个建筑”、“我们需要这个建筑”这样的说法。

对情感与象征价值的认知不需要像信息价值那样借助学术研究的专业手段，但是却需要经过传统与文化的一定时间的培养、濡染这样一个过程。也就是说只有身处在与该建筑遗产相关的社会文化背景和历史传统中，才能够真正理解并体会到该遗产所具有的情感与象征价值。

情感与象征价值的判定依赖于社会文化意识，对它的认识主要是通过传统知识（文字与口头传承的历史知识、文学知识……）、民间传说、历史故事与神话、节日与民风民俗活动、戏剧、手工艺、社会习惯等途径。

建筑遗产由于具有情感与象征价值，从而可以发挥不可替代的教育功能。在知识层面上和精神层面上，作为包含多学科、多领域知识的综合体，建筑遗产所具备的教育功能与学校教育、书本教育是完全不同的，它是实在、有形的，可观、可感的，可赏、可游的。建筑遗产作用于人的感官，由感性认识出发，结合个体的相关知识文化背景及社会阅历，上升为理性认识，添加到这个个体的知识信息的储备当中，而且这个“教育”过程不是通过传统的学校教育、书本教育的手段和方式来完成的，而是在游玩、观赏、休闲的活动中进行的。这种体验性的、观赏性的方式，可以服务于各种知识背景的受众。所以从这个意义上说，教育功能是建筑遗产服务于社会并同时为社会所需要的一项基本的功能。

三、利用价值

利用价值是指建筑遗产由于能够被利用而具备的价值。

对建筑遗产的利用包括直接的利用和间接的利用。直接的利用包括以下三种情况：延续建筑遗产的原有功能，在当今时代与社会条件下赋予建筑遗产全新的功能，延续原有功能的同时增加新的功能。而间接的利用则是指不直接作用于遗产本身的利用活动，如以建筑遗产为资源创作、制造或生产的各种文化产品，将建筑遗产的形象作为标志或象征物使用等。

建筑遗产所具有的利用价值是建筑遗产作为客观存在的物质实体所具备的基本价值，也可以称之为建筑遗产的物质价值。因为人们创造它就是为了利用它。在被创造形成到成为遗产的这个过程中，原来被赋予的功能可能仍然保留了下来，但是也许这原有的功能发挥得不像原来那么充分。也许就根本不能用了。对于建筑遗产已经“不好用了”的原有功能，能够通过保护行为使之发挥得更好的，就可以延续原有的功能，同时还可以在不影响原有功能的前提下赋予新的功能。比如有些宗教寺院，除了继续用作宗教活动场所之外，还可以旅游、用作收藏相关文物的博物馆和展出各种艺术作品的展览馆、画廊等；对于已经无法承担原有使用功能的建筑遗产，如果不能通过保护行为加以恢复，那就只能赋予全新的功能。不论是延续原有功能还是承担新的功能，始终不要忘记的一个基本问题是建筑遗产的使用功能具有文化属性，因此它总是和社会的各种文化活动、文化行为产生密切的关联，为这些文化活动、文化行为创造、提供场所与空间。今天，在将新功能赋予建筑遗产时，要考虑到这个新功能不能与建筑遗产的使用功能所具有的文化属性相矛盾、相违背，否则就会对建筑遗产的保护带来不良影响，给建筑遗产造成损害和破坏。

遗产因为具有利用价值从而具备创造经济效益的可能性。遗产能够创造经济效益这一客观事实在遗产保护领域一直引发很多的问题，因为说到经济效益就会不可避免地要同商业盈利行为产生联系，而商业盈利活动往往会与遗产保护工作发生矛盾。不过现在这一客观事实越来越多地得到正视乃至重视，因为遗产可以满足社会日益增长的文化消费需求，将遗产作为平台和依托，开展以遗产为主题的丰富的文化活动，为社会提供多样的文化消费服务，同时又能够产生一定的经济效益，不仅可以为遗产保护开辟新的资金来源，还可以弥补由于为社会提供更多服务而带来的遗产保护和管理成本的提高、保护费用支出的增加，这是使遗产和社会、公众都受益的好事情，其着眼点还是落在以此来提高人类社会的生活质量，从而最终能够更好地开展遗产保护事业上。

除了上述这些显而易见的直接的经济效益之外，建筑遗产还具有长远的社会文化效益。这种长远的社会文化效益不会立竿见影地带来经济收入，而是潜在地、持久地产生作用，这个作用即是建筑遗产给它所在地区及相关人群带来的知名度和社会影响力，这其中就蕴涵着不可估量的经济潜力，可以说建筑遗产的直接经济效益的获得是依赖于它的潜在的社会文化效益的。同时，社会文化效益还有助于培养及增强当地居民的集体认同感和文化自豪感。

在建筑遗产的诸方面价值中，利用价值是比较容易被人们接受、被人们认识到的，无须借助科学研究手段，但是如何利用以及由于利用而对保护产生的影响等问题仍然需要通过专业的科学研究来解决。

对于建筑遗产的利用价值，我们除了考虑其产生的社会文化效益、经济效益，同时还要考虑支出，或者更准确地说是要在考虑利用的同时考虑利用所必需消耗的成本。有产出就必然会有消耗。对于建筑遗产而言，利益的产出消耗的就是建筑遗产本身。这个成本是很高昂的，因为建筑遗产是无法重复获得、不可再生的。所以建筑遗产保护的资金、人力投入必须作为获得效益的成本纳入到利用价值的整体中，消耗建筑遗产所获得的经济效益与保护建筑遗产的各方面投入之间必须达到一个平衡的状态，并且绝对不能对遗产造成损害，利用建筑遗产以获取经济效益才是可以接受的，才是被允许的。

在价值的三个方面的内容中，利用价值有其特殊性，即它不是独立存在的价值构成内容，而是依附于信息价值和情感与象征价值的，也就是说，一个建筑不会因为只具有利用价值而被认定为遗产，它之所以是遗产，是因为它具有信息价值，或者具有情感与象征价值，或者二者兼有。没有不具有信息价值和情感与象征价值而只具有利用价值的建筑遗产，因为这样的建筑遗产不具备成为遗产的资格，它只能是具有实用功能的普通的建筑物，从遗产保护的角度来说它是没有意义的。同时，从另一个方面我们可以说凡是建筑遗产都是具有利用价值的，不论这种利用价值是显而易见的、可以直接转化为物质收益的，还是潜在的、隐性的、在社会和文化等方面产生影响的。总之，都能使我们从中受益，获得精神上的和心理上的满足，同时还享受到建筑遗产给我们创造的物质利益。

小结：

具体在一个建筑遗产中，价值构成的这三个方面的内容往往不是等量齐观的，有可能某一方面或若干方面的价值表现得突出、显著，重要性高于其他价值，也可能各个方面的价值都十分突出，都很重要。

在价值构成的三方面内容中，利用价值具有一定的特殊性，它的存在是依赖于价值的其他两个内容的。信息价值或情感与象征价值越大，建筑遗产的知名度、影响力也就越大，社会各方面的关注和投入也就越多，利用价值表现得也就越突出。就实际情况来看，利用价值高的建筑遗产一般也都是信息价值或情感与象征价值（或者是两者）突出的。认清了利用价值与其他两方面价值的这种依存关系，处理经济利益与保护之间的关系问题时就能够分清主次、抓住根本，从而防止为了获取经济利益而忽视保护这样的舍本逐末行为的发生（图 3–1）。

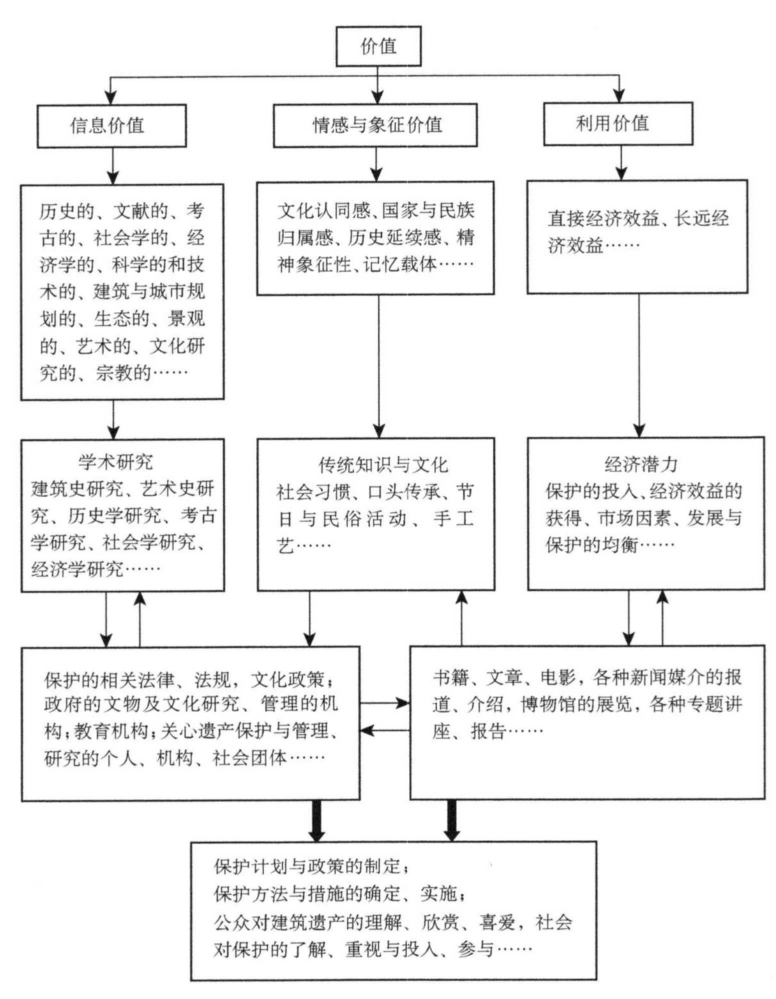

图 3—1　建筑遗产价值的构成内容

第三节　价值的评价——标准度

判断某个建筑遗产具有价值并不困难，难的是如何正确地、恰如其分地确定价值的大小并将其描述出来。所以需要有判定价值的标准。这个价值判定的标准由两个方面组成：标准度和标准体系（指标）。

价值评价的标准度有三个：真实性、代表性、完整性。

一、真实性

1. 真实性的含义

真实性（authenticity）是价值评价中一个非常关键的内容。它与完整性、代表性这两个价值评价的标准度是不相同的，它包含的内容最为广泛。真实性不是针对建筑遗产本身某一个方面的内容，而是涵盖了遗产各个方面的综合性的评价与定性。从某种意义上来说，只使用“真实性”这一个标准度就基本上能够全面地对遗产的价值以及遗产的保护状况进行评价。

真实性是价值评价的前提，我们只有确定了一个建筑遗产的真实性，该遗产才会具有价值，我们才会去对其进行价值评价。所以说，真实性对价值评价是关键性的、根本性的。准确理解真实性概念对于价值评价是至关重要的。

真实性概念是在我国加入《世界遗产公约》后开始引进的。它并不是遗产领域的专有概念，在历史学、文学、艺术、语言学等领域也同样使用。这是一个多义的概念，就其英文原文来说，就有“原初的”（original）、“真实的”（real）、“可信的”（trustworthy）等含义，而其核心点一个是“真”——真实的、可信的、非伪造的、不虚伪的，一个是“原”——原来的、原初的、未经扰动的、未改变的、完整的。对于建筑遗产来说，真实性就是指时间、空间、结构、材料、外观形象、设计与建造的方式、使用的方式……还有它赖以存在的周围环境、这个环境中的人及其生活，都是真实的、原初的、可信的。那么这个确定真实、原初与可信的依据是什么呢？还是那个“原样”，即该建筑遗产仍具有创造形成时的物质构成、材料和形式，仍处在最初的空间环境中，仍延续着那时的使用功能。也就是说真实性是以“原样”为核心，以建筑遗产创造形成时的状态为依据比照确定的。然而，每个建筑遗产从它创造形成，延续到现在，到我们发现它、去接手管理它、保护它，这中间必然会经历变化并产生变化，这些变化都会使真实性发生贬损，影响真实、可信的程度。当某个建筑遗产的变化大到一定程度，现状与原样的距离过大，真实性也就失去了，该遗产也就不具有价值了。

虽然，在实际情况中我们能够接受的真实性的不同方面变化的程度是大小不同的，比如说我们对建筑物外观造型变化的接受程度往往低于对建筑物内部的结构方式或结构材料变化的接受程度，因为内部的结构及材料的变化不会在外观上显著地表现出来，而人们一般都对形象的变化感觉比较敏锐一些、强烈一些，感觉“不像了”、“变样了”——既然外观形象上都发生了变化，对真实性造成了贬损，那么其他方面的真实性就更可怀疑了；而在周围环境这个方面，我们对它的变化的容忍度大概是最大的了。现存的大多数建筑遗产都不再处于最初的空间环境中，但是也并不妨碍我们承认它的真实性，我们从来没有因为一座古建筑处在完全丢失了历史肌理和地域特征的现代城市中而否定它的价值。这一方面是因为我们认为空间环境随着时间、社会条件的变化而变化是我们无法左右的、必然的结果，另一方面是因为我们对保持建筑遗产周围环境的原初状态这一问题没有足够的重视，保护工作大多集中于遗产本体，也没有更为全面、深入地理解环境的真实性的意义，认为建筑遗产由于自身价值的重要而可以单独存在，不必同环境结为整体来考虑。但是，能在很大程度上损害建筑遗产的真实性以至于造成了对真实性的彻底否定的情况往往都是多方面的变化导致的，它们逐步累积，一般不会只有其中某一个方面的因素起决定性的作用。

单独就真实性这一个标准度来说，它是从根本上排斥变化的。然而我们的价值评价是综合多个标准度来进行的，所以就整体来说这个标准是容纳变化的，容纳现状与“原样”的差异。因为变化产生新的见证的内容，从而形成新的价值。这将在完整性内容中深入讨论。

2. 真实性的判定手段

遗产的真实性是双重的，它既包括遗产本身的真实性，又包括我们判定、评估遗产真实性的依据和手段、方法的真实性。

对于建筑遗产真实性的判定，建筑遗产本身的真实、原初、可信是判定真实性的原始依据，同时我们取得这些依据的手段、途径也必须是准确的、有效的、非虚构或伪造的，即判定真实性的信息来源和判定手段都必须是符合真实性要求的。

真实性判定的手段主要包括文献考证和实物核查。

文献考证是指广泛查验那些与该建筑遗产相关的各种类型的文献、资料（文字的、图像的、声音的……)。它们主要提供的是无法或不易从建筑遗产本身获取的各种信息，如时间（准确、详细的时间)、最初的具体环境状况、社会背景与形成原因、相关人物与事件、兴衰变迁的过程和内容等。要保证信息来源的真实性，就需要选择得到广泛承认的、具有学术可信度和权威性的文献资料，这些文献资料的产生时间应该尽量接近该遗产的创造形成时间。还可以选择亲历者、亲睹者的描述记录。不能随意选取文献资料，找到什么就用什么。搜集、寻找这些文献资料时要注意多方面、多角度，因为各种类型的文献资料在内容上各有其不同的侧重点，它们所依据的原材料也会有详略、精粗的不同，而它们本身也会有谬误和不实之处，所以我们必须博采兼收，综合掌握各种文献资料提供的信息，我们掌握的信息越多，就离最初的真实的原点越近。

实物核查指对建筑遗产自身进行勘察，从物入手，观察其构成、形式、材质及艺术处理的手法，概括其特点，与同时期、同类型的典型实例进行比较，根据其是否具有相同或相似的共同特征来判定。这是一种由已知的共性去判断具体的物与同类的典型物的相似性的方法。在观察比较时，需要注意时间给建筑遗产造成的特别的外观面貌，这是因时因地因物而不同的，避免因此影响判断的准确性。

仪器检测是进行实物核查的一个常用的辅助手段，属于纯技术性质的分析、鉴定，主要是通过测定材料中所含元素的多少和成分来判定形成时间。

文献考证和实物核查是真实性判定的两个基本手段：文献考证是建立在文献的真实、可靠、丰富的基础上的。中国的历史文献数量充足、品种多，为建筑遗产真实性的判断提供了很好的条件。但是需要注意的问题是查阅文献是本着什么样的目的，要正确选择查阅什么样的文献，在多个文献、资料说法不一致甚至相互矛盾的时候应该本着什么样的原则去取舍；实物核查则是建立在专业经验和各类型建筑遗产的研究概括的基础上的，先由客观地观察、再由逻辑关系推断出结果。在文献资料缺乏、或含混不清、或相互矛盾、或有明显错误的情况下，实物的核查结果就是最主要的依据。就普遍而言，实物和文献相互印证，判定的结果就会比较可靠和全面。

然而，不论是查考文献还是核查实物，真实性判定中的个人经验和主观性是不可避免的。文献资料的选取有赖于判定者的知识范围和所掌握的信息量，对文献资料的解读、应用就包含了更多的个人成分。由同类型实物比照分析得出的参照标准也会由于个人所掌握的实例资料的有限而存在局限性。即使是利用仪器设备，也同样存在局限，因为采用什么样的仪器设备、要进行什么样的技术鉴定、鉴定的结果如何去分析、概括得出结论，这些看似纯客观的、纯技术的过程其实还是受到我们的思维的控制和所掌握的理论知识的影响。所以，真实性的判定结果不是绝对可靠，而是相对可靠的，这是无法回避的客观事实。

3. 影响真实性的因素

真实性作为评价建筑遗产价值的标准只是其意义与作用的一个方面，更重要的一个方面是给建筑遗产保护的实践与理论研究提出了基本的指导思想。那就是要求我们在对遗产施加各种保护手段时，尽可能选择那些不损害建筑遗产的真实性或损害程度较小的技术手段和措施。

如前所述，真实性包括时间、空间、结构、材料、外观形象、人们设计与建造它的方式、使用它的方式、环境、生活内容……这些方面的真实、原初、可信。结构、材料、工艺技术和功能是其中的主要方面。要保持结构的真实性，就要求不论施加什么样的保护措施，原有的结构形式保持不变，各个结构构件的形式、规格不变，各构件之间的交接关系不变，各构件在整体结构组织中承当的作用保持不变。在材料方面，其真实性就包含许多更加详细具体的内容——材料的来源，要与建筑遗产本身原来使用的材料产自同一地区，例如木材，树种要与原来的保持一致，取材部位要一致（心材或边材），木材砍伐加工的季节、时间要一致；材料的加工工具和方式也要一致，比如用现代化机械加工而不是用原来的传统手工工具加工就会产生不一致。砖、瓦、琉璃这些人工制造的材料如果用现代烧造工艺替代传统工艺（包括设备、工艺流程、手工操作技艺、经验……）同样会对真实性造成贬损。在外观形象方面，造型、各种形式的构成元素、色彩、质感和肌理、各种装饰细节，都要保持不变。

在实际的保护操作中，各方面都存在有影响真实性的因素，需要我们从理论上、实践中加以研究、解决。

影响真实性的因素主要来自以下几个方面。

1）结构方面

影响结构真实性的主要因素是现代结构技术的介入。许多建筑遗产因为存在时间长，有多种危及生存的安全隐患和已经表现出来的结构问题，沿用原有的结构措施与技术不易解决，或是能够解决但是会引起原有结构形式的变化，或是只能够解决一时，不久问题又会再度产生，在这些情况下，为了能够一劳永逸地、较彻底地解决问题只好采用现代结构措施。常见的有用现代材料和现代结构做法改造基础，对梁、柱、承重墙体等进行加固或支撑（在这些部件的内部或外部）等。这当然对真实性造成了影响，不过为了建筑遗产的存在与安全，这种改变是允许的、可以接受的。

2）材料方面

伴随着结构上的改造的是材料的变化，为安全而施加的现代结构措施必然同时将“新”的、原来没有的材料引入到建筑遗产中，像钢、混凝土、玻璃等。影响材料的真实性的另一方面因素是，在可以沿用原有结构措施与技术的情况下，与之相应的原有的材料却已经无法获得了。比如木、石这些天然材料，在原产地已经没有同样的了。砖、瓦、琉璃等人造材料原来的生产厂家已不生产，或者由于原材料、制造工艺的变化，现在的产品已经与原来的在品相、质量上有了很大的差异。这些差异都会降低真实性的程度，从而影响建筑遗产的价值。

3）工艺技术方面

工艺技术的真实性与材料的真实性是密切相关的。当在维护和修缮中使用传统的材料时，同时就应该使用传统的技术和工具，用手锯出来的木料和用机器锯出来的木料是不一致的。传统材料的变化必然影响到传统工艺技术，而传统工艺技术的丢失和水平下降又对真实性产生很大的影响。一方面，因需求的减少传统工艺技术逐渐走向衰落，后继无人；另一方面，新的技术和工具的采用也使传统技艺不再那么传统、那么纯粹了。这些都对保护手段的选择、使用造成了限制，同时降低了保护方法的实施质量和效果。

4）使用功能方面

如果单从使用功能这一个方面对现存的建筑遗产进行真实性评价的话，那么大多数建筑遗产的真实性都会大打折扣，因为能够延续原有使用功能的建筑遗产相对来说为数很少。使用功能的改变是除周围环境之外建筑遗产变化最大的一个方面。为了便于保护，改变保护对象的原有功能并赋予有利于保护的新功能，这就是我们今天常说的“合理地再利用”。常常可以看到一座寺庙被改作博物馆，它只剩下寺庙的外表，里面换上了全然不同的内容。改变用途的同时，建筑遗产内部的固定陈设也多被拆除、移走，比如拆走工业建筑里安装的生产设备、机器，拆除寺庙里的佛像、陈设等，这样真实性就损失得很多，相当于只留下了一个失去原有内容的空壳。

5）环境方面

要求与建筑遗产关联的环境保持原来的面貌同要求建筑遗产自身保持原样不变一样是不切实际的。对建筑遗产的价值造成损害的不是环境的变化，而是环境变化到与建筑遗产本体没有任何关联的状态。在时间、形成与变化的背景及过程、日常生活上同建筑遗产毫无内在联系的周围环境是对真实性的重大损害，如果外在形式上也没有丝毫的关系，那么我们对这种损害感觉会更强烈。并不是说只有当周围环境与建筑遗产本体同时形成时它才是真实的，周围环境可以是后天形成的，可以与建筑遗产本体变化的速度和原因不同，重要的是这个环境经历过时间，通过不同时期的人的活动，通过生活的作用，与建筑遗产本体融合在了一起，成为分不开的一个整体。它们之间的关联是生活的关联，所谓形式上的协调只是一种最初级的关联。如果由于各种社会的、经济的原因，要用人为的手段硬性地把它们撕扯开，插入或是替换新的内容，这必然使建筑遗产的真实性遭受严重破坏，从而使建筑遗产的价值大大降低。

4. 真实性与世界遗产

真实性也是世界文化遗产评定的基本标准之一，正是世界遗产的申报、评选和保护工作的开展使得真实性概念在遗产保护领域逐渐得到了广泛的接受和重视。根据现实的发展情况来看，真实性概念从世界遗产的角度在不断地被调整和修正，这个调整和修正的过程既是对遗产保护运动随时代不断发展的反映，也是其自身不断完善以适应更丰富、更多样的文化的过程。

申请进入《世界遗产名录》的文化遗产必须符合真实性的检验，这一基本原则是在1977年世界遗产委员会的第一次会议上确定下来的，两年后的第三次会议又重申了这一原则："文化遗产的真实性依然是根本的标准"。《实施世界遗产公约操作指南》是世界遗产委员会的专业咨询机构国际古迹遗址理事会制定的，其中关于真实性的内容是在《威尼斯宪章》的相关原则[1]基础上的再概括和明确化。《实施世界遗产公约操作指南》详细说明了真实性的标准——"在设计、材料、工艺及场所方面符合真实性的检验"[2]。设计、材料、工艺及场所这些文化遗产的内部与外部信息是判定真实性的基本依据。

这次会议只是概括地提出了"设计、材料、工艺及场所的真实性"，没有对真实性的这些方面进行更进一步的详细定义，也没有提出复原（restoration）和重建（reconstruction）的可接受程度，这反映了国际古迹遗址理事会在真实性评价方面的具体性的缺乏。

而且继承《威尼斯宪章》的精神和原则的真实性标准似乎仍是过于偏重石头建筑，偏重欧

---

[1] 是《威尼斯宪章》首次提出了真实性概念——"我们的责任是把它们以完全、充分的真实性状态传承下去"（It is our duty to hand them on in the full richness of their authenticity）（前言部分），并基于真实性概念提出了多个原则：第五条"……使用时决不可以改变平面布局和装饰"（Such use is therefore desirable but it must not change the lay-out or decoration of the building）。第六条"任何地方，凡传统的环境还存在，就必须保护。凡是会改变体形关系和颜色关系的新建、拆除或改动都是决不允许的"（Wherever the traditional setting exists, it must be kept. No new construction, demolition or modification which would alter the relations of mass and colour must be allowed）。第十一条"各个时期加在古迹上的正当的东西都要尊重，因为修复的目的不是风格的统一"（The valid contributions of all periods to the building of a monument must be respected, since unity of style is not the aim of a restoration）。第十三条"不允许添加，除非它们不会损伤古迹的有关部分、其传统布局、构图的均衡和与传统环境的关系"（Additions cannot be allowed except in so far as they do not detract from the interesting parts of the building, its traditional setting, the balance of its composition and its relation with its surroundings）。

[2] "Meeting the test of authenticity in design, material, workmanship or setting."

洲的石头建筑，对于世界其他地区的文化考虑得不够充分，实际应用起来产生了不少的矛盾。比如对于中国古代的木构架建筑，由于结构方式和材料的特点，周期性的修缮、更换构件、对木构件表面的兼具保护及装饰作用的油饰彩画的重新制作都是必不可少的。而用世界遗产的真实性标准衡量，这种持续不断的修缮、用新的替代旧的、新的做得和原来基本一样没有区分等做法都是有违真实性原则的。

再比如设计的真实性这一内容。它强调的是文化遗产的风格特征的一贯性和整体性。文化遗产的形成总需要经历一定的时间段。在这个时间段里建造方式、风格式样都可能会发生变化，文化遗产本身的组成内容、使用功能也会发生变化。在这改建、扩建的过程中采用什么样的方式和风格就对该文化遗产在设计方面的真实性造成了影响。从实际的情况来看，《威尼斯宪章》、《实施世界遗产公约操作指南》均认可后代添建、改动的部分采用当时的方式和风格的做法，而反对模仿原有部分的风格式样。这些不同风格特征、不同时期的各个部分能够通过平面和形体的组织构成为组合的、不可分的整体，在外观上的表现是有系统的、有控制的，从而整个建筑自身具有一种和谐感，尽管其风格特征并不纯粹。这种不同风格特征的和谐与欧洲许多经过了多次外观及内部改造（特别普遍的是在 19 世纪进行的）的历史性建筑所表现出的统一和完整是有十分显著的不同的，这些建筑因为这种为了追求风格统一而进行的改造失去了真实性，从而使它们的价值严重受损，没有资格进入《世界遗产名录》。这种情况在欧洲曾经十分普遍。“设计的真实性”内容主要就是针对这种情况的，而对于中国的建筑遗产，在设计的真实性内容上并没有什么突出的问题，因为中国建筑遗产中大量的古代建筑是以单元组合的方式构成的，通过纵横轴线和院落递进形成主从有序、和谐有机的整体，轴线和基本单元院落控制着组群的生成。如果一个组群内有不同时期形成的部分，它们可以各自表现自身的时代特征与风格，不会影响组群的整体性、有机性。没有必要为要求统一风格式样而去改造以前的部分。就单体建筑而言，为了满足木构架建筑自身正常的新陈代谢的需要而进行的维修或由其他破坏原因引起的修缮、改动固然会因时间的不同造成相异的具体表现，但是因为总是统一在木构架系统的根本原则之下，建筑物结构构成的原理、由此形成的总体外观造型、各个基本的构成部分，包括材料，却都是前后一致的，没有本质上的差异与矛盾。就整体来看统一和谐，就局部来看各具特征和风格，包含有丰富的信息。

功能的真实性并不是《实施世界遗产公约操作指南》中定义的真实性的因素，在 1977 年的会议讨论中有些会员国认为保持原有功能并不重要，为保证保护的实施常常不得不改变文化遗产的原始功能，如果要求功能的真实性，就会有很多实际情况难以控制和把握。当时的会议报告提出的对此问题的基本观点是要赋予建筑物“前进的真实性”（progressive authenticity），也就是说，对于建筑物，尽管随着时间已经发生了改变，但是最初的功能用途还是要保留下来一些。在近几年的保护工作中，功能的问题被越来越多地考虑到，“合理地再利用”已是一种常用的保护方法，也为世界遗产委员会接受，没有因为赋予新功能而将哪个普遍价值突出的文化遗产排除在外。

1980 年世界遗产委员会的第 4 次会议对《世界文化遗产公约实施指南》作了修正，说明了对“重建”的基本态度：“重建只有当它是建立在完全的和详细的关于原状的文献基础上并且没有任何程度的臆想成分时才是可以接受的。”这保证了世界文化遗产不仅在材料、工艺等具体的物质的意义上，更在历史的意义上响应了真实性概念。显然，这样做就把复制品、完全重建的和仿建的文物建筑——“现代赝品”（modern fakes）排除在了《世界遗产名录》之外。通过这种方式保证了获得提名的文化遗产都是建造于一个或几个历史时期内，使用的是“真实的材料”

(authentic material)。同时也使有可能进入《世界遗产名录》的和最终进入《世界遗产名录》的文化遗产保持在一定的数量。

1992年世界遗产委员会的第16次会议进一步研究了真实性，对文化遗产进行了分类。把有资格入选《世界遗产名录》的城市建筑物群详细地分为三个类型：①不再居住使用的城镇，但是它们提供了未被改变的关于过去的考古证据。它们一般来说能够满足真实性的标准，并且它们的保存状况能够被相对容易地控制。②历史性城镇，仍在居住使用，根据它们的性质，它们已经或者将要在社会、经济和文化变迁的影响下继续发展，这状态使它们的真实性评价很困难，并且使保护政策更加难以确定。③20世纪以后形成的新城镇，一般和以上两种类型有相似之处，不过它们的原创都市组织是可以清楚地认知的，它们的真实性是不能否认的，它们的将来是不清晰的，因为它们的发展在很大程度上是无法控制的。

实际上，现代社会的变化速度如此之快，总有一天很多历史性的城镇将会以多元文化的各种影响和元素为特色，它们的主要特征将会逐渐缺乏真实性，或者更为精确地说缺乏不含糊的真实性。

由于真实性标准没有充分适应不同文化背景的遗产，使得世界文化遗产的分布问题逐渐引起了普遍的关注，代表世界不同文化地区、不同遗产类型与不同时期的文化遗产呈现出不平衡，某些地区有数量可观的某种类型的文化遗产进入《世界遗产名录》，有些地区、有些类型则是空白。

1994年11月在日本奈良召开的世界遗产委员会会议以真实性为主题，早在当年1月在挪威举行的预备会议上，世界遗产中心就要求它的两个专业咨询机构国际文物保护与修复研究中心和国际古迹遗址理事会就检验文化遗产的更为客观的真实性标准提出新的建议。经过几天的讨论，会议最终制定了《关于真实性的奈良文献》。该文件的核心思想就是明确提出了文化多样性的重要意义，文化遗产的真实性是植根于各自的文化环境的，应给予充分的尊重。应用真实性标准的基础就是对所有文化的全面尊重和理解，因为只有这样才会有助于人类集体记忆的传承和明示。《奈良文献》对真实性判定的各方面信息来源进行了重新说明，它们包括：形式与设计（form，design），材料与物质（materials，substances），使用与功能（use，function），传统与技术（traditions，techniques），位置与环境（location，setting），精神与感受（spirit，feeling），以及其他相关的内部因素、外部因素（internal factors，external factors）。在这里“使用与功能”的因素被补充了进来。

《奈良文献》也没有对判定真实性的各项内容进行详细说明，不过它的根本目的也不在于此。它的重要任务是重新检视关于保护的基本观念和保护运动前进发展过程中同时并存的各种保护思想与哲学，它要解决的紧迫问题是如何看待并充分理解各种社会、经济、生态、文化和历史语境中的保护知识、保护经验和保护标准。

长期以来对真实性的争论似乎来源于一种期望，那就是建立起关于真实性的标准含义。可是就保护的实际状况和进入《世界遗产名录》的文化遗产来看这一期望是难以实现的。事实上每一个文化遗产都有它自己的真实性，与其试图去把世界上所有的文化遗产调整为一个真实性的狭窄概念，不如让我们努力去把真实性的概念纳入到存在于这个世界的所有不同的文化中、建筑中。不仅是为了石头建造的建筑，也为了木头、土、皮革以及其他材料建造的建筑。以这样的方式我们就能够从过于专注于材料、技术的真实性概念走向还包含有自然与文化、历史的语境关系的更为广阔、更具包容性的真实性概念。

THREE

二、代表性

代表性是指见证的信息具有典型性和权威性，也就是说能够全面、直接地向我们说明该遗产产生并存在的那种文化和那个特定的历史时间的情况，能够反映该文化主要的、显著的特征。同时，该遗产见证的信息的数量也比较充足，能够有说服力地、充分地、集中地、明确地说明该文化的重要内容。这样的遗产我们就可以说它具有代表性。代表性这一价值评价的标准反映的是遗产所见证的信息的质量。

代表性的确定也是建立在同类遗产的分析比较基础上的，即在同类遗产所见证的同类文化内容上具有代表性、典型性，能够比较全面地涵盖其他同类个体所见证的文化内容。对于建筑遗产的研究工作来说，具有代表性的某类建筑遗产的个体是理想的研究对象，对它进行取样研究，可以集中获得内容丰富的、数量充足的材料，利于研究工作的顺利进行并取得成果。

三、完整性

1. 完整性的含义

关于建筑遗产的完整性，包含着两个层面的意思：一是指建筑遗产作为“物”，其本身的完好程度；另一层意思是指建筑遗产所见证的信息的完全程度。

1）物本身的完整性

判断建筑遗产作为物的完整性要看以什么为标准来衡量物的损坏，如果是以建筑遗产被创造产生时的状态——这个状态可以叫做“原样”——作为标准，那么在实际情况中是不会有完整的建筑遗产的，因为不论什么物一旦被创造出来投入使用，就不可能不磨损，即使是不使用，也会因自然的损耗而发生变化，所以也就不会保持在“原样”状态。这个物的“原样”标准是一种绝对的标准、理想的标准。“原样”这个概念更多地反映了人们在进行完整性判断时一种本能的“复原”意识。

完整性的判断是一个比对、分析的过程。虽然现实中不存在“原样”的物，但是“原样”给我们判断完整性提供了可进行比对的参照标准。我们判断物是否完整，主要是看它的构成，即：物的主要构成要素都在，就可视为完整。对于建筑组群而言，主要组成单元保存完整、少数配属房屋不存，整体布局、组群关系未受影响和破坏，那么我们就可以说这个建筑组群是完整的。对于建筑单体而言，整体构架完好、结构构件存在、装饰性构件缺损，不影响建筑物存在的安全性、稳固性，更好的情况是也不影响其原有的使用功能的发挥，都可以说是完整的。我们只有知道了这个“原样”，才能够知道缺损了什么，知道缺损的部分对于整体有什么样的影响。

与“原样”的比对只是完整性判断的一个方面，另一个方面就是同类建筑遗产的比对、分析，通过与现存的同类遗产相比较，得出保存内容较多、缺损破坏较小、完好程度较高等这样的结果。这是“比……更完整”的概念，是相对的、现实的标准。这个概念与理想状态的“原样”概念不同，它本身就是包含“破坏”在内的。

因此，“完整性”是一个比较的概念，是建立在对同类物的调查的基础上的，同类物的广泛调查使完整性的同类比较得以进行。同时还可以帮助我们形成对“原样”的感性认识。既然现实中不存在“原样”的物，我们对“原样”的认识除了来自相关文献，还有就是现存实物。现存实物虽然缺损情况各有不同，但是相互补充、相互印证，再加上文献资料，总能够给我们还原出比较全面、完整的“原样”来。所以不论是从建筑遗产自身的比对还是同类型遗产之间的比对，广泛、全面的同类遗产调查研究都是必不可少的。这是完整性判断的基础。

2）信息的完整性

一般而言，物完整，信息也就完整。但是反过来，物不完整，信息不一定就不完整。虽然物的缺损对信息的完整总是会产生影响，但是物的损坏程度不等同于信息的损失程度，关键要看这影响是什么，要看缺损的部分是否见证了信息，以及这信息的重要程度。在有的情况下，缺损的部分就没有见证什么信息，或者是缺损的部分所见证的信息我们可以通过现存的其他部分同样地获得，那么物的不完整就对信息的完整基本不产生影响。这种情况在实际中主要出现在同类型的重复构件上，部分缺损，其信息可以从保存完好的其他部分获得；在有的情况下，物的缺损虽然引起信息的丢失，但是丢失的信息在该遗产所见证的各方面信息中不是重要的信息，那么对信息的完整性也没有太大的影响。换句话说，信息损失的程度从根本上取决于物所见证的各方面信息中最重要、最具有代表性的内容因物本身的损坏而损失了多少。当然，这种判断也需要建立在同类建筑遗产的普遍调查的基础上，经过同类的比较才能确定某个具体的建筑遗产所见证的最重要的信息是什么。

还需要注意的是，有时物的损坏、折旧又产生了新的信息，或者简单地说，损坏本身就是一种信息。损坏是一种变化，这种变化遗留的痕迹往往包含了十分重要的信息——为什么会产生这样的变化？这样的变化产生于什么样的背景因素中？这样的变化对该遗产的现存状态有什么影响？其他的同类遗产有没有产生这样的变化？……由此我们可以获知有关该遗产的更多的信息。

所以，完整性的判断必须将物自身的完好和信息的完整两个方面结合起来，相互参照才能完成。只考虑其中一个方面是不能全面反映建筑遗产的完整性状况的。

2. 完整性概念与建筑遗产保护

对完整性概念的不同理解影响到保护方法与原则的选择和确定，具体地说，对修复、重建这类对遗产干预程度比较大的保护方法的不同观点就其根本而言来自于对遗产完整性的不同认识。

对遗产进行的修复、重建行为本身就是一种对于原物“原样”的追求，这是人们由“不完整”的物而产生的本能反应。因为认为不完整，才认为有必要进行修复乃至重建。因此，对于建筑遗产保护，完整性的认识和判断是十分重要的。全面地、客观地、科学地、准确地对遗产完整性进行评定是保护的基础工作和前提条件。只有完整性判定准确了，才能正确地开展保护工作。不恰当的对于完整性的判定将会导致不当的保护措施和行为，使得保护变成破坏。

根据完整性的评价结果，可以确定是否修复和修复的方法及具体措施。如果修复可以帮助恢复缺失的信息，使信息尤其是特征信息趋于完整，并使现存信息更加完整、更加明晰，那么修复就是必要的、值得进行的、效果良好的。再根据完整性的评价结果确定修复内容、根据需要恢复的信息确定修复的目标。然后根据修复的内容与目标确定修复措施和手段；如果修复可以恢复丢失的信息，同时又会破坏或丢失一些其他的信息，那就需要全面比较、权衡利弊，如果恢复的信息内容是具有代表意义的、现存的同类信息数量有限、在其他同类遗产中不易获得，而丢失、破坏的信息可在同类遗产中获得，那么这种修复就是利大于弊的，可以实施的。或者简单地说，就是恢复特征信息，丢失一般信息，是可以接受的、值得的修复。当然，最理想的状况是不丢失任何信息，但是这在实践中是很困难的。也可以说这就是我们的保护工作要努力达到的目标之一。

THREE

除了获得建筑遗产本身信息的完整，相关联的其他信息与环境、条件信息的恢复与获取也是修复工作需要考虑的内容。因为这些信息有助于遗产信息的完整。遗产本身的信息，还有相关的环境及外部信息的恢复是修复工作最理想的效果。

修复的出发点和目的是要寻找丢失的信息，并使残留的信息适当地恢复，使现有的信息更加完整，而不是使修复对象的物质形式及外部形态完好无损，恢复“原样”。一定要分清修复目的的主次、轻重，如果要寻找、修复的信息都已经得到，即使遗产的物质形式或外部形态仍处在不完整的状态，也视修复工作已经完成。正如《威尼斯宪章》所强调的——“修复的目的不是追求风格的统一”（...since unity of style is not the aim of a restoration）。

然而，有一个根本性的问题需要阐明——信息的完整性和物的完整性对于遗产保护而言是本末关系，可是信息的完整依赖于物的完整。所以，对信息所做的恢复性工作就具体表现为对物的形态的恢复。我们所确定的保护措施、手段是针对具体的物质形式和状态的，但是同时要明确这一基本认识，信息完整了，不等于物也完整了，两者之间不存在必然的因果关系。

第四节　价值的评价——标准体系

价值评价的标准体系主要包括三个指标（或是三个标准量度）：时间、空间、现存数量。

一、时间

建筑遗产都具有时间属性，这是它的一个基本属性。就价值评价而言，时间也是一个基本的指标。

时间这个价值评价的指标包含两个方面的内容：第一个方面是建筑遗产形成的时间，另一个方面是建筑遗产处在社会文化发展的什么阶段中。前者指的是建筑遗产形成的某个具体的历史时间，也就是我们常说的年代。它根据我们能够获取的资料和信息，可以确定到或年、或月、或日的某个具体的时间。就建筑遗产的特性来说，它不可能是在较短时间内一次性建造完成的，一般都是在一定时期内连续不断地或陆陆续续地、逐渐地建造完成的，也就是说我们很难把建筑遗产产生的时间浓缩为一个时间点，而是需要以时间段来表明建筑遗产的产生、形成的这个历时的过程。所以对于时间指标的描述，就必须有开始建造的起始时间（点）和最终完成的时间（点），在中间的过程中若有变化就还需要其他的时间（点），这样才能构成一个完整的时间指标，使我们能够从中获取真实的、有价值的信息。同时，建筑遗产在形成以后所经历的重大变化，如大规模的修缮、扩建、改建、重修等，一样需要用时间指标来描述（图 3–2）。

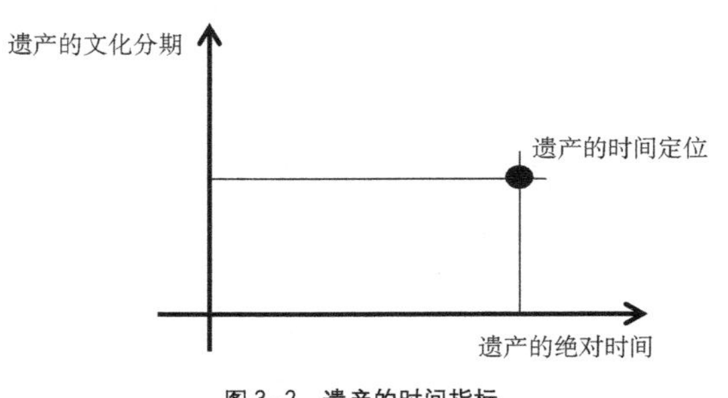

图 3–2　遗产的时间指标

时间指标另一个方面的内容是指建筑遗产处在什么样的社会文化发展阶段中，是对建筑遗产在整个社会发展进程中的定位。建筑遗产在被建造产生时，或在其形成过程中，处于什么样的社会背景、社会条件下，孕育、创造它的那个社会文化处在什么样的发展时期，是萌芽期、发展期、成熟期，还是衰落期，或是早、中、晚期等。这对建筑遗产的各个方面都具有直接性的、决定性的影响。有了时间指标所包含的这个内容，我们才能把这个建筑遗产放入到当时当地的情境中去设身处地的、而不是以我们现在的标准去衡量它，才能更为全面、更为客观地去判定它的价值。

二、空间

建筑遗产具有空间属性。它也包含有两个方面的内容：一是指建筑遗产的空间形状和空间位置，构成建筑遗产的物质材料形成建筑遗产的物质形式和空间形状，包括内部的和外部的。同时建筑遗产处在某个特定的自然地理位置中。二是指建筑遗产所处的文化环境，也就是说这个建筑遗产处在什么样的文化地域中，是处于具有文化独特性的某个自然地域中，或是处在属于某个文化圈、文化带的自然地域中。不论哪种情况，建筑遗产所处的自然地理地域总是具有某种文化上的特性。

概括起来，建筑遗产的空间属性包括物质构成形式与地理位置的规定性和文化环境的规定性。建筑遗产的空间属性是由建筑遗产初创形成时需满足的使用目的和使用功能确定的，使用目的和使用功能赋予建筑遗产合理的、与使用目的及功能相适应的物质形式和空间形状。同时，建筑遗产是在某个特定的文化环境中产生、形成的，文化环境的特性决定了建筑遗产的空间属性。换个角度说，建筑遗产的空间属性反映出它所在的文化环境的特性，从建筑遗产的组成、总体布局、方位及空间次序等各个具体的方面体现出来。就像现代考古学依靠文物的整体相关背景来解读信息，文物一旦脱离原生的位置就会失去其重要的科学价值一样，建筑遗产也有其存在背景、环境关系和原始状态（context）。

对于建筑遗产来说，它一旦产生、形成，其地理位置一般是不变的，只有在特殊的情况下，建筑遗产才会改变或脱离其产生、形成时的原有位置，比如迁建。而建筑遗产的文化环境则会随时间的变化而发生变化或演替，导致我们现在所看到的、所了解的文化环境不是建筑遗产初生时的文化环境，这其中就蕴涵着信息——该建筑遗产所处的文化环境发生了怎样的变化？这一变化对建筑遗产本身产生了什么样的影响？这影响如何通过建筑遗产具体地表现出来？——文化环境的变化会作用于建筑遗产并在其上留下文化变迁的痕迹。通过对这些痕迹的分析研究，可以具体地、真实地显示出该建筑遗产所在地域或地区文化的变迁和社会的演变发展。

当我们描述建筑遗产所处的文化环境特征时，需要注意的是这里所说的文化环境是指建筑遗产产生、形成时的文化环境，而不是经历过时间的、我们今天所见到的文化环境。只有把建筑遗产置放到它的初始环境中，它才表现出那个文化环境下的产物所具有的种种特征和内质，而作为价值评价的“空间”属性所包含的文化环境这一内容才会有意义。

当然，当我们把建筑遗产置放到它的初始环境中时，仍可能出现建筑遗产的空间属性与它所处的文化环境的特征不相符合的情况。这时我们就需要考虑这是否属于外来文化的问题。也就是说，该建筑遗产有可能是在外来其他文化的影响下产生、形成的，是其他地域的文化传播到该地域并影响了当地的文化。这能够给我们提供新的、丰富的信息，关于这外来文化传播的距离、传播的方式、两个不同地域文化的差异、外来文化对本地文化产生了什么样的影响……从而反映出文化的流布与传播。

“空间”这个标准度不仅用于建筑遗产的价值评价，对于建筑遗产的保护也是非常重要的，因为无论是对遗产施加保护的技术干预措施，还是进行遗产的展示，都必须遵循的一个原则是原址保护。这个“原址保护”原则体现的就是对遗产价值的一种根本性的保持和维护（图3-3）。

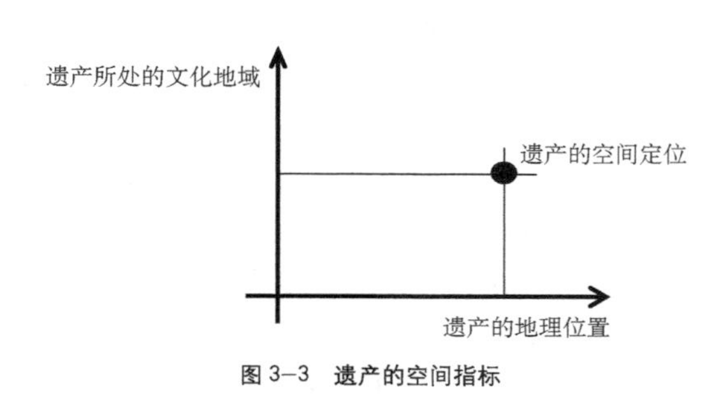

图 3-3　遗产的空间指标

三、现存数量

建筑遗产现存数量的多少对其价值的大小会产生直接的影响，所以现存数量是构成价值判断体系的一个不可缺少的指标。这个指标我们也可以称之为“稀有性”。

现存数量的衡量、比较是根据建筑遗产的类型来进行的，也就是说某一种类型的建筑遗产现存数量的多少说明的是该类型建筑遗产的稀有或珍贵的程度。某一种类型的建筑遗产数量越少，说明该遗产越珍贵，价值越高。即遗产的现存数量与遗产价值成反比（图 3-4）。

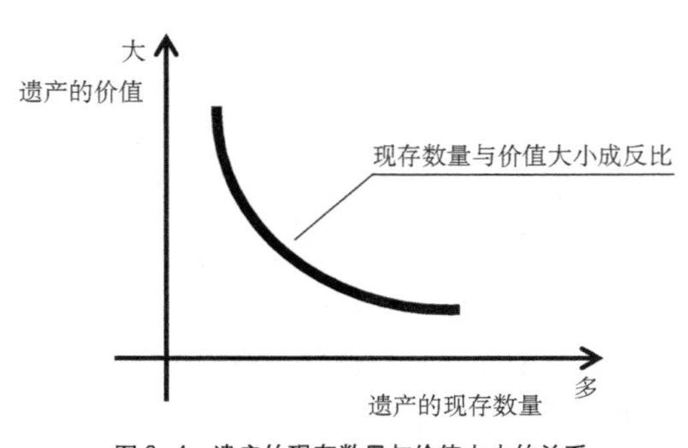

图 3-4　遗产的现存数量与价值大小的关系

有多个方面的因素对遗产的现存数量产生着影响。

1. 时间

一般来说建筑遗产诞生的时间越早、经历的时间越长，受到的各方面的影响也越多，能够比较完好地留存到今天的可能性也就越小，现存数量自然就越少。在建筑遗产的保护工作中，年代较早的建筑遗产总是更受关注和重视，对其价值的评价也越高，这实际上就是现存数量这个指标在起作用，因为我们默认年代早、存在时间长—现存数量少—价值高之间的逻辑关系，并将其简化为年代早、存在时间长—价值高的评价结论。

2. 使用性质与使用状况

建筑遗产不同的使用性质与使用状况也影响着现存数量。实用性强、与日常生活关系密切的某些类型的建筑往往因为使用频繁、损耗快，保留下来的数量有限。比如住宅建筑，现存的住宅建筑遗产的数量相对于其他的建筑类型是比较少的，这里的比较针对的不是各个类型的绝对数量，而是基于各个类型自身的相对数量。对于住宅建筑来说，作为曾是最大量存在的建筑类型，现存数量是很少的，且时间上也都属于较晚的时期，这都是与住宅建筑的使用性质、使用状况有关的。然而无人使用也会自然地破败，有人使用反而能够得到经常的维护而留存下来和延长寿命。

3. 材质

材质对建筑遗产现存数量的影响是显而易见的，那些以耐损耗的、使用寿命长的材料建造的建筑物存在的时间要相对长一些，现存数量也就多一些。以中国建筑遗产实际的情况来说，中唐以前的木构建筑物都没能保存下来，只有石构、砖构的建筑物。具体到某些建筑类型，比如塔这种多层结构的建筑，现存实物中砖、石构的占了绝大多数，能够保留到今天的木构的塔数量极为稀少。这些都体现了材质对建筑遗产现存数量的影响。

4. 破坏

针对建筑遗产的各种各样的破坏从根本上影响到建筑遗产的现存数量。我们可以把这些破坏划分为两类，一是在建筑物的存在过程中由于正常使用而产生的自然损耗，这是一个正常的变化过程，这个变化过程所导致的破坏结果、破坏程度视建筑物自身各方面状况（也包括前述的使用性质与使用状况、材质）的不同而不同，但是总的来看这是一个渐进的、缓慢的、需要经过一定时间的积累才会显现出来的破坏；二是在建筑物的存在过程中由于非正常的自然的或人为的因素而发生的集中破坏。就自然因素来说，包括地震、洪水、泥石流、暴风雨等。就人为因素来说，有战乱、火灾、政治运动、“灭法”活动、经济活动等。这导致的破坏结果常常是立竿见影的、大规模的、十分彻底的，对建筑遗产的现存数量有着直接的、巨大的影响。在这自然的和人为的因素当中，人为因素造成的破坏结果往往更为严重，自然因素造成的破坏结果常常是一个或若干个建筑物，而人为因素常常会造成某个类型或某个地区的建筑物的大规模破坏。历次战争、历史上的“灭法”活动、“文化大革命”、还有现在的经济开发，它们对建筑遗产造成的破坏都是巨大的、无法挽回的。

以上这些只是影响建筑遗产现存数量的几个比较主要的因素。在实际情况中，可能只有某一个方面的因素在起作用，也可能有若干个方面的因素共同起作用，影响着遗产的现存数量。

关于现存数量，一个需要注意的问题是，虽然一般的规律是现存数量越少、价值越高，但是当现存数量少到一定的程度，比如两三个、一两个、甚至是孤例时，我们对价值构成的有些内容就很难进行总结概括和分析评价了，而代表性、完整性这样的价值评价的标准度也变得难以把握了。

第五节　关于当代建筑遗产的评价

价值评价体系不应该仅仅包括已经被我们确认为遗产的建筑的评价标准，还应该考虑当代建筑的评价问题。并不是所有的价值都是以时间为基础的，也就是说不是任何超过一定时间的东西都会具有价值，换一个角度，有的事物没有经历过时间也会具有价值。明确了这一点，我们就能解决“当代”与“遗产”的矛盾。面对当代建成的、数量众多的为我们所使用的建筑，我们有责任为历史、为我们的未来选择出具有“遗产”价值、具有文化意义、值得保护的建筑，要有预见性地、提前开始“遗产”保护工作，从这些建筑“遗产”的理想状态开始进行保护，这将会是完全主动的、有计划的保护，也将会是十分高效的、保护成本低但保护效果好的保护，是遗产保护工作所能达到的一个非常理想的程度。但是对于这种为历史、为未来保护当代建筑遗产的工作而言，一个重要且基本的问题是选择标准如何确定，即依据什么来确定当代的建筑为“遗产”。目前还处在使用当中的建筑所具有的价值的内容构成和表达与“过去”创造的建筑遗产是不同的，当代建筑遗产所见证的文化不一定是已经消失了的、我们已经无法直接了解和感受的文化，可能还会是正处在发展期或是兴盛期的文化。它们的利用价值往往是非常显著的，这是因为它们都在被使用。而且这利用价值不是由价值的其他构成内容派生出来的，这一点与“过去”创造的建筑遗产是完全不同的。但是，一个当代的建筑是否有资格成为将来的“遗产”却与它所具有的利用价值无关，基本上是由价值构成内容的其他两个方面，即信息价值、情感与象征价值决定的。在这两个方面的价值内容中，有一些是当代的建筑遗产肯定不具有的，如历史价值、文献价值、考古价值等，随着时间的推移可能会逐渐产生，有一些则是当代的建筑遗产与生俱来的，如科学与技术价值、艺术价值，而且可能是非常突出的。有的建筑一诞生，就称得上是我们这个时代的不朽之作，或是先进科学技术的结晶，或是天才的艺术创造。这类具有突出的科学与技术价值或艺术价值的当代建筑，都有可能成为一个地区或是一个国家的地标、象征物，因此也具有了情感与象征价值，这与“过去”创造的建筑遗产所具有的情感与象征价值大都是因时间的累积、记忆的沉淀而形成是大不相同的。而人们认知、接受这些价值的方式、途径也会是具有这个时代的特点的。人们通过各种媒介来接收信息，然后形成自己的认识、观点，这个过程一般是比较快速的。

对于信息价值表现得不是很突出的建筑就需要有预见性的判断，根据已经掌握的社会发展状态和趋势预计一个建筑在未来因经历时间而会积累形成或产生什么样的价值。如果将来具有的价值难以预见，那么我们至少要为将来保留下产生自不同文化背景、不同社会经济条件的各种类型、各种风格的建筑。这时，还有一个需要探讨的问题是选择标准中的时间指标如何确定，即当代建筑在建成并投入使用后经过多长的时间可以进入遗产的范围。这个时间值是与社会发展阶段的时间值相对应的。在快速变化的现代社会，时间值会呈现出变小的趋势，但是总要经历一定的时间，这很重要，因为恰当的时间距离使我们能够比较客观地对建筑进行评价和判断，更重要的是时间可以使一些价值内容显现出来。

第六节　价值调查与评价的具体内容与方法

建筑遗产的价值评价是进行保护工作（制订保护计划、确定保护原则与措施……）的前提。要对建筑遗产的价值作出准确的、接近客观事实的评价，就需要对遗产有全面的了解。这个全面的了解来自于现场调查和分析研究。现场调查的内容要具有广泛性，尽可能地将建筑遗产的各个方面包含在内，在此基础上对遗产的价值进行客观的评价。

价值评价指标与内容的明确对形成科学的、正确的价值观有着决定性的作用，而价值观的科学、正确与否对建筑遗产的保护工作意义重大。所以形成一套科学、全面、完善的价值评价指标体系是保护工作的前提条件。

综合前述的有关价值评价的标准度与指标，试在这里提出一套内容比较全面的用于价值调查与评价工作的标准。这套标准包含五个大项（客观信息、时间、空间、现存数量、实用性），其下又包含若干子项。其具体内容如下。

1. 客观信息

（1）名称：调查与评价对象的准确名称。

（2）地点：调查与评价对象的具体地址。

（3）使用性质：原使用性质；现在的使用性质；使用性质的变化情况。

（4）所有者／使用者：现在的所有者或使用者；他们的变动情况，他们的想法与要求，及实际使用对调查与评价对象有何影响……

（5）管理：现在的管理者；管理与保护的措施是什么，费用是多少。

（6）历次调查与评估情况：若以前曾经进行过调查和评估，其结果可作为本次调查与评估的基础资料，并可从中了解对象各方面的变化情况。

（7）设计者：是否为重要的建筑师／规划师的作品，该建筑师／规划师在这个地区或是这个时期的重要程度（具有什么样的地位、知名度，个人特点与风格如何……）。

（8）信息来源：根据哪些具体的文献、资料与图片，以及相关人的描述、见闻获得调查与评价对象的各方面信息。这些信息来源是否真实、可靠。

2. 时间

1）始建时间（＋完成时间）

2）文化分期

（1）背景：在什么样的社会文化背景下建造，在建成后又经历了社会文化的什么变化，其具体状况如何……

（2）历史：建成后在使用过程中发生的各种变化（发生时间，在什么样的社会文化背景下发生，原因是什么，具体状况如何……）。

（3）事件：与对社会生活、历史发展产生过较重要影响的事件的关联程度。

（4）人物：与产生过较重要影响，对社会、国家作出过较重要贡献的历史人物的关联程度。

3. 空间

（1）结构与材料：采用什么结构形式，构造做法；使用什么材料；什么施工方法。

是否采用特殊的、稀有的结构形式、构造做法或施工方法，其特殊性的大小如何，稀有的程度如何。

是否使用了特殊的、珍贵的、加工难度大的材料，其特殊性如何，珍贵程度如何，加工难度如何。

在同一类型的建筑遗产中其结构与材料是否典型，具有代表性。

结构（整体构架，构件）是否完整；哪些部分曾经维修或者更换过。

（2）形式：总平面、平面的组成、布局与规模；是否完整，是否发生过变化，变化的具体情况如何。

外观造型，构图关系，色彩，各种装饰细部与构件等；是否完整，是否发生过变化，变化的具体情况。

室内布置、室内装修、造型与色彩、细部等；是否完整，是否发生过变化，变化的具体情况。

在同一类型的建筑遗产中是否典型，具有代表性。

（3）风格：具有什么风格；该风格出现和盛行于什么时期，影响的范围有多大。

该风格是否知名，是否特殊、不常见，其程度如何。

调查与评价对象属于该风格的什么发展阶段（早期、盛期、晚期），是否典型、有代表性。

（4）设计水平 ：设计构思、设计技巧、形式与细部的处理手法等所体现出来的水平和优秀程度；其构思、技巧、处理手法是否具有特殊性。

设计成果是否具有特别的艺术表现力。

在同一类型的建筑遗产中该调查与评价对象的设计水平是否具有代表性。

（5）环境 ：是否迁移过。

处在什么样的地理环境中（地形、地貌）和自然气候条件下。

四周环境都是什么内容，用地性质是什么。

原有的环境是否发生了改变，与现状环境有什么不同。

与四周环境关系密切的程度。

对所在环境（邻里、街道、街区、整个地区……）的连续性、整体性所起的作用；是否是所在环境中的视觉／景观标志。

（6）文化环境 ：所在地区曾经属于什么文化地域，具有什么样的地域文化特征。

原有的地域文化特征发生了怎样的变化；这变化有什么具体的表现。

同类型遗产的分布地域及分布特点。

4. 现存数量

同一类型遗产的现存数量。

5. 实用性

（1）相容程度 ：调查与评价对象的性质与其所在地区／地段现状的用地性质、功能、内容、分区等的相容程度。

（2）适应性 ：可改变原有功能、承担新功能同时不贬损原有价值的可能性的大小；能够承担新功能的潜力的大小（可以承担多样的新功能，或是只能承担某种特定的、单一的新功能）；承担新功能时抵抗损耗的能力的大小（根据结构、材料及环境等各方面状况综合判定）。

（3）基础条件 ：是否具备为承担新功能所应该具备的基础设施和条件；为使其具备那样的设施和条件所进行的改变对其价值的影响程度的大小。

（4）费用 ：进行正常的保护、管理的合理费用应该是多少。

以上的这些调查与评价标准是由实物的勘察结果和综合了实物勘察与相关文献资料的分析结果共同组成的。勘察结果是客观现状的描述和说明，分析结果则包含了评价的内容。评价分析的结果用语言作级别描述，为了获得比较精确、清晰的评价结果，可采用四级评分制，即：很好，好，较好，一般（对于某些评价内容可以根据语言习惯灵活使用如“很重要，重要，较重要，一般”等其他的描述用词）。评价分析时，先对各个子项中包含的各方面内容进行分级别评价，再综合起来得出总的评价级别。

也可以将这种四级评分制替换为更为直观的数字评分制。方法是先确定总的分值（比如定为 100 分），再将四个级别分别换算为相应的分值。换算时要注意使各级之间有比较大的差值，可以采用几何级数差，比如 20 分（很好）—10 分（好）—5 分（较好）—0 分（差），或者使用差值更大的数列。总之要使各级别能够清楚地区分开来。

在以上的这些调查与评价工作完成之后，以此为依据就可以对完整性、代表性、真实性作出评价，并在此基础上最终得出对该建筑遗产价值的总体评价（图 3–5、表 3–1）。

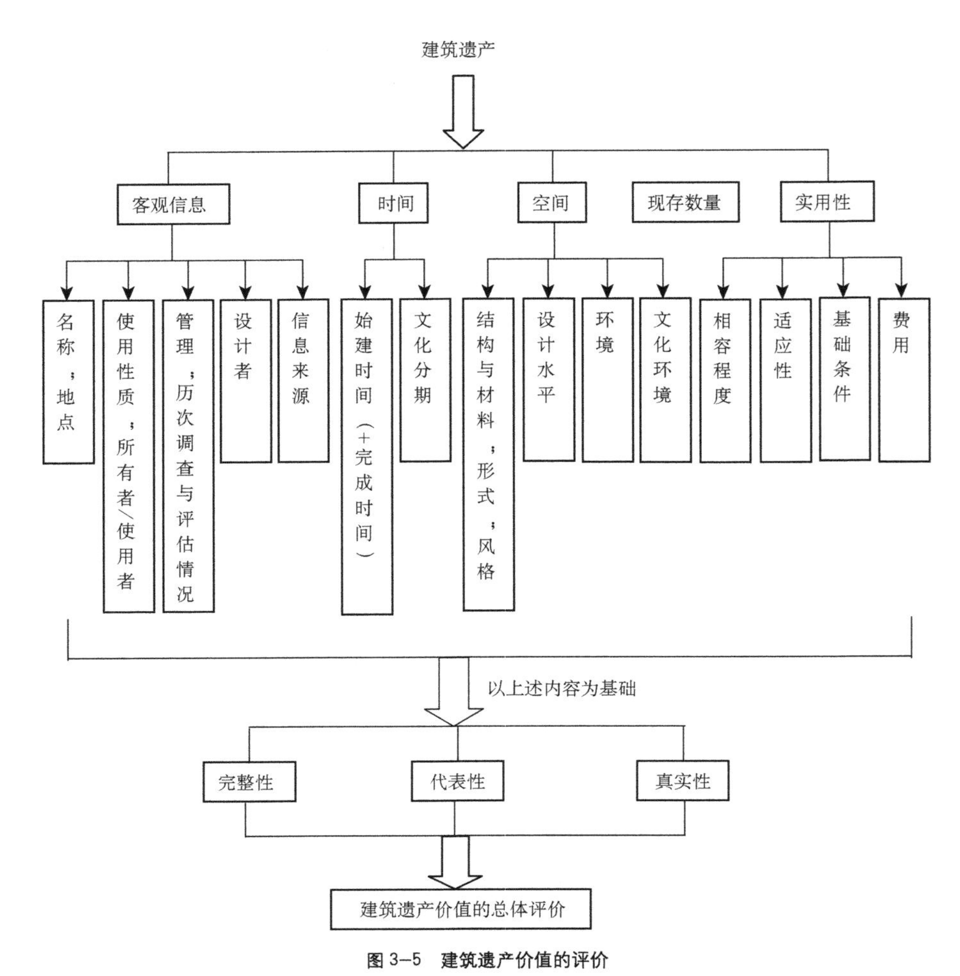

图 3–5　建筑遗产价值的评价

建筑遗产价值调查与评价表　　**表 3–1**

序号	调查与评价内容	调查结果 / 评价结论	备　注
1	客观信息		
	名称		
	地点		
	使用性质		
	所有者 / 使用者		
	管理		
	历次调查与评估情况		
	设计者	根据设计人在该地区的重要程度、影响力、知名度评等	
	信息来源		
2	时间		
	始建时间		

续表

序号	调查与评价内容	调查结果／评价结论	备　注
2	文化分期		
	背景		
	历史		
	事件	根据与重要事件的关联程度评等	
	人物	根据与重要历史人物的关联程度评等	
3	空间		
	结构与材料	结构形式，构造做法；材料；施工方法	
		根据结构形式、构造做法、施工方法的特殊性大小或稀有的程度评等	
		根据材料的特殊性大小、珍贵程度评等	
		根据结构（整体构架、构件）的完整程度评等	
		在同一类型的建筑遗产中是否典型、有代表性	
	形式	组成、布局与规模；外观；室内	
		根据组成、布局与规模及外观、室内的完整程度分别评等	
		在同一类型的建筑遗产中是否典型、有代表性	
	风格	什么风格；该风格出现和盛行于什么时期，影响的范围有多大	
		根据该风格的知名、或特殊的程度评等	
		处在该风格的什么发展阶段，根据其典型的程度评等	
	设计水平	根据设计水平和优秀程度评等	
		设计成果是否具有特别的艺术表现力	
		在同一类型的建筑遗产中其设计水平是否具有代表性	
	环境	是否迁移过	
		地理环境；自然气候条件；四周环境	
		环境的变化情况	
		根据与四周环境关系密切的程度评等	
		根据对所在环境（邻里、街道、街区、整个地区……）的连续性、整体性的重要程度评等	
		是否是所在环境中的视觉／景观标志	
	文化环境		
4	现存数量		
5	实用性		
	相容程度	根据与其所在地区／地段现状的用地性质、功能、内容、分区等的相容程度评等	

续表

序号	调查与评价内容	调查结果／评价结论	备　注
5	适应性	根据承担新功能时抵抗损耗能力的大小和能够承担新功能潜力的大小评等	
	基础条件	是否具备为承担新功能所应该具备的基础设施和条件；为使其具备那样的设施和条件所进行的改变对其价值影响程度的大小	
	费用	进行正常的保护、管理的合理费用应该是多少	
完整性			
代表性			
真实性			
总体评价			

资料来源：作者自制。

小结：

关于价值问题，目前已经形成了一些比较规范的、普遍的看法。但是，始终要明确的一点是关于价值的认识是在不断变化的。由于人们对建筑遗产的理解在不断深入，其范围在不断拓展，所以我们必须不断探索价值构成的理论，修正价值评价的标准与方法，建立、形成价值研究的完善理论与科学手段。

时代的文化观念会直接影响到我们对于建筑遗产价值的认识，同时它也会清晰地反映在其中。一个时代越先进，一个社会越文明，对价值问题的认识也就越会具有科学性，不会局限于物的利益。所以，对于建筑遗产价值的认识是一个社会、一个时代文明和先进水平的具体表现。而这认识本身也不是固定不变和停滞不前的，它是与时代共同前进、共同发展的。

对于建筑遗产，应该在国家、区域和地方三个层次来评价其价值、文化的意义和重要性，这样才能够真正全面地、整体地、充分地评价它的价值。

在对建筑遗产的价值进行评价时，我们针对的都是建筑遗产已经具有的，或者准确地说是目前能够被我们所认知、了解的价值内容。对于信息价值我们有一个认识和发现的过程，其实对于情感与象征价值、利用价值也同样如此。对潜在的信息价值的认识和发现有赖于科学研究方法与手段的发展、进步，对潜在的情感与象征价值的认识和发现则会受到社会文化意识发展、变化的影响，对潜在的利用价值的发现和认识也会受到社会经济状况、社会文化意识等诸多方面因素的影响。而它们都处在社会大系统之中，都不可避免地要受到社会发展、时代演进、文化变迁的种种影响而改变。所以，我们在价值评价体系中还应该加上“潜在价值”这一项内容，以代表一种科学的、全面的预测，并说明一种发展变化的可能性。“潜在价值”的意义不止于此，它还是保护的重要决定因素之一，即要为将来而进行保护、为将来新的价值发现而去保护。换句话说，我们要有长远的眼光，要以发展的、动态的观点来看待建筑遗产的保护。

因此，对于建筑遗产价值的评价不是一次完成就无须再考虑的问题。应该对建筑遗产的价值进行周期性的评价，或是在建筑遗产发生了某种对其价值有影响的突发事件后进行重新评价。因为价值会随时间这一因素发生变化，这变化包括由于价值的物质载体——保护对象本身随时间而发生的人为损坏、自然衰颓使价值的某方面内容减弱甚至消失、某方面内容变得突出，或是因为时间的推移潜在价值得到确认和证明。所以，价值的周期性再评价应该纳入到日常的保护工作内容中来，使我们可以根据评价结果调整保护计划和保护方法、措施，及时、准确地应对保护对象所发生的变化，解决新出现的问题。这与保护的发展、动态观点亦是相一致的。

建筑遗产保护的国家制度

FOUR

第四章　建筑遗产保护的国家制度

FOUR

就世界范围来看，遗产保护工作早已纳入到许多国家的计划与管理当中，遗产保护已经成为一种基本的国家意识与国家行为。许多国家的政府都制定了有关遗产保护的法律、政策，设立有专门的遗产保护管理部门以及相关的研究或咨询机构。遗产保护运动在不同的国家、地区，经过长短不一的发展时间，都逐渐进入到以国家为主体开展保护工作的阶段。就保护运动自身的发展趋势及整个社会的演进状况来说，这亦是必然的结果。

多方面的因素决定了以国家为主体开展保护工作是最合理、最有效的。一方面是遗产保护工作所具有的意义和作用，它能够巩固生活在同一个国家或地区中的人们在时间上和空间上的文化认同感，维系民族情感，延续与发扬传统文化，从而抵抗社会的分崩离析，提高公民的自觉性，为人们的生活和行动提供不可缺少的思想及情感的框架；另一方面是开展遗产保护工作所需要的条件。保护工作要能够发挥其应有的效能，就必须纳入到城市和区域的规划之中，这就需要国家作出总体的、统筹的安排与管理。保护工作的真正贯彻实施，还需要有很高的权威作保证，即需要建立起完善的法律制度，这也是需要依靠国家这一主体去实现的。而且遗产保护工作的开展还必须有和平、稳定的社会环境为前提，这显然也是仅凭借个人或团体的力量无法保证的；还有一方面是遗产保护工作自身的特点和要求，保护工作内容多样，其含义也越来越丰富，范围越来越广泛，涉及社会生活的多个方面，涉及人民生活的整个环境，工作量也非常大，无论是个人还是社会团体，都不可能具备一个国家所具有的能力去负担起全部的保护任务。并且遗产保护工作往往都需要多领域的、高水平的专业合作，就当今遗产保护运动的发展趋势来看广泛的国际性合作也常常是不可缺少的，这些都需要有国家作为主体去进行协调运作和综合管理。

国家作为主体来进行遗产保护工作具体表现为建立一套完备的有关保护的国家制度。保护制度主要包括两个方面的内容，一是保护体制，二是保护的国家法规与政策。

第一节　关于遗产保护体制

一、现有的遗产保护体制

目前就世界范围而言，为各国所采用的遗产保护体制基本上有三种类型：一是指定制，二是登录制，三是指定制和登录制的并用。

1. 指定制

指定制是由政府专门的遗产保护机构或部门，根据国家制定的遗产评定原则或标准，选定符合条件的各类物质或非物质遗产，并同时确定保护级别。被指定的遗产由国家相关部门负责管理和实施保护，由国家提供维护和修缮所需的经费及其他资源条件。

我国实行的就是指定制。认定的标准和办法是由国务院文物行政部门制定、并经国务院批准的。《中华人民共和国文物保护法》(2002 年修订)“第一章 总则”的第二条说明了文物认定的标准 ：①“具有历史、艺术、科学价值的古文化遗址、古墓葬、古建筑、石窟寺和石刻、壁画”；②“与重大历史事件、革命运动或者著名人物有关的以及具有重要纪念意义、教育意义或者史料价值的近现代重要史迹、实物、代表性建筑”；③“历史上各时代珍贵的艺术品、工艺美术品”；④“历史上各时代重要的文献资料以及具有历史、艺术、科学价值的手稿和图书资料等”；⑤“反映历史上各时代、各民族社会制度、社会生产、社会生活的代表性实物”。符合上述标准的就可成为文物。其中古文化遗址、古墓葬、古建筑、石窟寺、石刻、壁画、近现代重要史迹和代表性建筑为不可移动文物，历史上各时代的重要实物、艺术品、文献、手稿、图书资料、代表性实物为可移动文物。再依据它们的价值大小，确定不同的保护级别 ：①不可移动文物分为三个保护级别 ：全国重点文物保护单位，省级文物保护单位，市、县级文物保护单位。②可移动文物分为两个基本的保护级别 ：珍贵文物和一般文物。珍贵文物再划分成三个等级——一级文物，二级文物，三级文物。这些认定的文物都属于国家所有。国家承担着文物保护的责任和义务，也行使着文物保护的权利。

2. 登录制

登录制是由遗产的所有者提出申请，经过政府有关部门的调查、评定，达到国家制定的遗产标准的即可登录成为遗产，受到国家的保护，同时根据登录标准划分保护级别。登录遗产的所有者要依据国家的保护法律、法规对拥有的登录遗产进行日常性的管理和维护，以及周期性的、必要的修缮。国家对于登录遗产实施各项优惠政策，对其所有者进行的管理、维护及修缮等保护工作给予技术上、经济上的指导与支援。登录制度主要适用于建筑遗产这类不可移动文化遗产的保护。

英国是实行登录制度比较早且比较典型的国家。

英国的文物建筑登录制度创始于 1944 年的《城乡规划条例》[1]，第一批文物建筑的登录工作也从这一年开始。

文物建筑登录的评定标准是由英国文物建筑委员会拟定的。首先是以建造时间作为评定的基本条件 ：①建于 1700 年以前，且保持原状的 ；②建于 1700 ～ 1840 年间的大部分建筑，经过选择的 ；③建于 1840 ～ 1914 年间的建筑，除属于某建筑群的以外，有一定质量和特点的，或是重要建筑师的代表作 ；④ 1914 ～ 1939 年间、经过挑选的建筑。

在满足建造时间这个基本前提下，再根据具体的内容进行评定 ：①说明社会史和经济史的建筑类型（包括工业建筑、火车站、学校、医院、剧场、市政厅、交易所、济贫院、监狱等）中有特殊价值的 ；②显示技术进步、技术完美的建筑物，例如铸铁建筑、早期混凝土建筑、预制建筑等 ；③与重要历史人物、事件有关的建筑物 ；④有建筑群意义的建筑物。 以上这些评定内容符合一项者即可成为登录文物建筑。其类型包括建筑物、构筑物和其他环境构件。

---

❶ *Town and Country Planning Act, 1944.*

登录文物建筑划分为三个保护等级：第 I 级——具有极重要的价值，绝对不能拆毁；第 II 级——具有极高的价值，除非特别情况不能拆毁；第 III 级——具有群体价值，没有真正特殊的建筑或历史的价值。1970 年调整了保护等级，第 I 级保持不变，选择第 II 级中的重要文物建筑改为第 II* 级，其余的第 II 级文物建筑和绝大部分的第 III 级文物建筑划入第 II 级，原来的第 III 级取消。原来的保护要求不变。第 I 级、第 II* 级文物建筑由中央政府统一管理，第 II 级文物建筑由建筑所在地的地方政府管理。

登录工作的程序是先由文物建筑专家对申请登录的建筑物进行实地调查和评估，将符合登录标准的文物建筑列入预备名录公开发表，以听取社会各方，包括地方政府、各保护团体、有关人士及公众的意见。若没有反对意见，就可以由国家遗产部（Department of National Heritage）进行正式的认定，成为登录文物建筑。这一最终结果将以书面文件形式通知该文物建筑所在的地方政府，然后通知文物建筑的所有者。

由登录文物建筑的保护级别与保护要求的规定我们可以看出对于登录的文物建筑，英国政府是允许对其进行改动，甚至拆除的。这些针对文物建筑的改动（包括改建、扩建，外观及内部装修的改变等）或拆除，必须事先获得规划部门的批准。因为文物建筑的登录制度是城市规划体系中一个重要的组成部分，是纳入在城市规划体系之中运作生效的。登录文物建筑的所有者在对拥有的文物建筑进行任何的改动前都必须获得规划部门的"规划许可"的规定就是为了控制登录文物建筑的所有者对文物建筑随意进行改动，防止因改动可能会造成的对文物建筑的不利影响或破坏。规划部门将登录建筑的所有者申请的具体改动内容公之于众，听取各有关人士、机构和当地居民的意见，以此作为批准与否的参考依据。同时，还要征询地方保护官员的意见。最后的决定是综合考虑申请改动的登录文物建筑的保护等级、改动的具体内容与程度、改动会造成的最终结果（包括改动对周围环境的影响）等多方面因素而得出的。

美国实行的也是登录制度。

美国的登录文物是指对于地方、州或国家具有历史、建筑、考古、文化意义的历史场所（historic places），包括地区（districts）、遗址（sites）、建筑物（buildings）、构筑物（structures）及物件（objects）五种类型。其登录的前提条件是具有 50 年以上历史，然后符合下列标准之一者可成为国家的登录文物：①与重大的历史事件有关联；或与历史上的杰出人物有关联；或体现某一类型、某一时期的独特个性的作品。②大师的代表作。③具有较高艺术价值的作品。④具有群体价值的一般作品；或能够提供史前的、历史上的重要信息。

美国的遗产保护是地方性的，联邦政府只对那些依靠中央投资或者需要联邦政府发给执照的保护项目有权干预，其他均由地方政府自行管理。政府对登录遗产不提供直接的资金援助，只通过税收上的种种优惠待遇体现其特殊身份。政府对登录遗产的所有者对其进行的改动不作严格的管理和控制。虽然直接作用于登录遗产本身的政府保护行为似乎很少、很简化，但是政府的保护作用从其他的方面表现出来。比如联邦政府及州政府对于公共工程，如大型的开发项目、城市更新、高速公路建设等可能会对相关的遗产产生的不良影响控制、管理得比较严格、慎重，如果确认有不良影响，工程会被要求停止，或者经过有关的各社会团体以及保护协会、遗产所有者等利益各方协商提出能够消除该不良影响的补救方案，或者提出使不良影响保持在最低程度的可行方案后才可继续进行。

就整个国家来说美国实行的是登录制度，在不同的地区，地方政府也常常根据本州、本市镇的具体的遗产状况制定地方性的遗产保护体制。比如纽约市，就根据其历史保护条例指定了一大批历史建筑及构筑物为遗产，包括地标性的单体建筑、由建筑物及构筑物群组成的历史性地区、历史景观等。通过这种以政府为主体的认定，使这些历史场所得以在现代都市中更好地保存。

英国、美国等国家实行登录制度是有其现实的原因的，其中之一是国家强调对个人财产的尊重和保护，宪法中规定了私有财产权不可侵犯，有关遗产保护的法律、法规自然大不过宪法，所以只有经由所有者提出、征得所有者同意，国家才能够将其个人所有的建筑物确定为遗产。登录制度的这一基本特点在保护实践中往往就成了它的弱点，因为会有人从个人角度、个人原因出发（如登录为遗产后私人利益受损，或者要接受政府有关部门的管理和监督，麻烦、不自由等）拒绝将自己的私产登录为遗产，或者为避免登录而对私有的、可能成为遗产的建筑物进行改造甚至拆除。要解决登录制度自身存在的这种实际问题只加强法律的保障是不够的，还需要进一步完善登录制度本身，使政府的管理和控制措施更为严密有效。当然，最重要的是通过政府的积极引导、教育和鼓励，得到公众更为广泛、自觉的支持和配合。

3. 指定制与登录制

指定制与登录制在具体操作方式、达成的结果诸方面有着各自不同的特点。指定制是以国家的力量和能力去实施保护，被认定的遗产能够在资金、技术、管理等多个方面得到政府与专业保护机构的良好支持与指导，能够保持比较理想的保护状态。但是相对于需要得到保护的遗产的整体而言，政府和专业保护机构能够投入的财力、人力总是有限的，把散布在各处的、全部的现存遗产都纳入到国家保护的范围之内是难度很大的事情。而登录制所具有的特点——公众认知、公众参与和专业评估、认定相结合的遗产选定方式，政府和专业保护机构进行宏观控制、管理和指导与遗产所有者自主实行的具体保护行为共同构成的灵活的保护操作方法，恰好能够弥补指定制度在遗产保护的全面性、广泛性方面的不足。而从登录制度的本质上来说，它体现的正是保护方法的多样化。

登录制的最大优势在于能够尽可能大范围地保护遗产，能够广泛地深入到社会生活的各个层次上，通过登录过程中的提名、选择、评价等一系列步骤、程序，唤起公众对遗产保护的关注和兴趣，使人们意识到遗产保护与自身生活之间存在的种种联系或利害关系，从而激发和促使公众参与到遗产保护的实践活动当中。同时，这种广泛性和公众基础也赋予了遗产保护工作丰富、多样的地域特点。因为不同的地域，其历史、传统、文化的差异性使得保护工作的具体内容、保护手段的实施方式、保护技术以及遗产保护与社会生活的密切程度等诸多方面呈现出多样性和丰富性。

登录制度适用于建筑遗产的保护，对于数量可观、分布广泛、具有实用功能、存在状态复杂、与现实生活关系最为密切的建筑遗产特别能够体现出它的优势。

登录制度能够实行，需要调动和依靠社会各方面的力量。而公众的遗产意识和价值取向则是登录制度的基础，没有社会对于遗产保护的普遍关注和价值观上的认同，登录制度是难以实行的。政府关于登录制度的完备的法规政策，对于登录遗产的行为的鼓励、褒扬，对登录遗产及所有者给予的资助及各种优惠政策是登录制度得以实行的保障。

相对于指定制度而言，登录制度的意义不仅在于能够更大范围地保护遗产，更重要的是能够广泛地唤起公众的保护意识，因为公众的保护意识对于遗产保护事业的良性发展是至关重要的，只有政府有关部门和少数专业人士从事的保护事业是不能更多、更全面、更好地保护遗产的。

4. 指定制 + 登录制

指定制与登录制相结合的双轨制是以指定制为主体，以登录制为补充的遗产保护体制。其特点在于综合了两种保护体制的优势，既有专业保护部门实施的“点”的保护，又有以公众参与为基础的“面”的保护。

目前采用双轨制的国家有法国和日本。

法国是世界范围内最早制定保护建筑遗产法律的国家之一，1887年即出台了《建筑保护规则》,1913年《历史纪念物法》的颁布实行为以后的各项保护法规、政策的制定确立了框架和基础。双轨制也就以立法的形式很早被确定下来。双轨制在法国的建筑遗产保护中，既是并行的两种保护方式，同时也是保护、管理的两个层次—— 一是被列为建筑保护单位的建筑（CHM），二是登录到建筑遗产清单上注册备案的建筑（ISMH)。法国的建筑遗产即由列级的和登录的两类建筑组成。列级的建筑遗产是在登录的建筑遗产中经过再次选择确定的。这两个层次的建筑遗产都同样必须依照、遵循国家制定的各项保护政策与法规、条例，对它们进行的任何改变都要受到政府保护部门的严格控制。

日本一直实行的是文化财的指定制度,1990年开始导入登录制度。1950年《文化财保护法》是日本第一部全面的关于遗产保护的国家法律，该法确立了文化财指定、保护与管理、利用的一整套制度。《文化财保护法》规定的国家指定文物的类型及指定的标准分别为：①有形文物——在历史上或艺术上价值很高的东西，包括建筑物，美术工艺品——绘画、雕刻、工艺品、书籍、古文献、考古资料、历史资料等。其中特别重要的指定为“重要文物”，重要文物中特别优秀的、具有突出代表意义的精品被指定为“国宝”。②无形文物——包括戏剧、音乐、传统工艺技术等。其中特别重要的指定为“重要无形文物”。③民俗文物——包括无形的生活方式、风俗习惯、传统职业、信仰及有形的各种生活器具、服装。其中特别重要的指定为“重要无形民俗文物”及“重要有形民俗文物”。④纪念物——包括三种类型，一是历史上或艺术上价值很高的遗址——贝冢、古坟、都城、旧宅，二是艺术上或观赏方面价值很高的名胜——庭园、桥梁、峡谷、山岳……三是学术价值很高的动物（包括生息地、繁殖地及迁徙地)、植物（包括原生地)、地质矿物（包括产生特异自然现象的土地)。其中特别重要的分别指定为“特别史迹”、“特别名胜”、“特别天然纪念物”。⑤传统建筑物群——和周围环境一体、形成历史风致的、具有很高价值的建筑物群。在1975年《文化财保护法》修改之前，日本的文物保护只限于单体建筑，建筑群以及由建筑物构成的街道则不在保护范围内，修改之后才建立了传统建筑物群保存地区的制度。其保护层次也分为两个，“传统建筑物群保存地区”和“重要传统建筑物群保存地区”。

指定文物都是经过仔细选择的、在某一方面特别突出的、价值很高的，体现的是一种从国家的角度出发，进行重点保护、精品保护的文物保护策略和思路。这样的保护策略一方面使指定文物因国家提供的充分的资金与技术支持而得到精心的、良好的保护和管理，另一方面使相当数量的、价值不如指定文物突出和重要的文物建筑处在缺乏保护、缺乏管理的状态，在城市更新和新的开发建设中面临改造、拆除、破坏等各种情况。在这种状况下，登录制度被引入，作为指定制度的补充和完善。登录的对象是有形文物中的建筑物，条件为建成50年以上者，满足下列标准之一即可成为登录文物：①有助于国土的历史景观；②成为造型艺术的典范；③不易再现。登录制度不强调某个特定方面的价值或重要性，只要从整体来看有价值就可以了。登录建筑的所有者同样要依据《文化财保护法》及有关法令对登录文物进行日常管理之外的周期性的必要的修缮，由文化厅提供适当的技术指导。

二、传统文物保护技术的保存与传承

在我国现有的文物指定制度中，保护的对象都是文物本身，不论是可移动的、不可移动的，物质的、非物质的，但是作为一个完整的文物保护体系，除了文物本体之外，文物保护技术也应该是必不可少的保护对象。

这里所说的文物保护技术是指建筑遗产的日常维护和保护工程中需要使用的各种传统工艺技术，主要包括建筑构件的加工、制作与安装技术，传统建筑材料的制造技术，现场施工及组织管理技术等。

文物保护技术自身虽然不是文物，但是它是实施文物保护不可缺少的技术基础，是进行文物保护工作的基本保障。有了文物保护技术，很多的具体保护措施才能够实施。我们这里所说的文物保护技术主要是针对保护工作中应用到的各种传统工艺和传统技术。具体地说，包括各种传统的构件制作技术，传统施工技术，传统材料的制作技术，还包括在这些制作、施工过程中所使用的各种传统工具等。以此为基础，结合新的文物保护技术，我们才能够顺利进行文物保护的实际操作。现代保护原则所强调的保护文物的价值，保持文物的真实性，更需要依靠这些传统的工艺和技术。我们有很多保护工程，因为缺乏保护技术的支持、没有高水平地掌握传统工艺技术的工匠、没有高品质的传统材料而达不到预期的保护效果，减损了保护工程的质量，无法理想地完成本应完成的保护目标。构件制作的不精确，砖、瓦质量的下降，烧造不出原有琉璃的色彩和光泽，彩画制作过程与绘制的简化、粗化……施工或制作步骤、程序的省略、简化，缺乏与原建筑物所用材料品质相当的材料，没有经过古建筑施工的严格培训就进行实际操作的工人……种种具体的、细碎的现实问题积聚在一起，最终对整个的保护工程的结果造成不良的影响。这种不良影响不仅仅是针对保护工程的质量而言的，更严重的是会对保护对象的本体造成不可挽回的损失，比如影响了保护对象的真实性，从而使其价值受到贬损。这种现象不只是发生在一般的保护工程中，在一些重大的保护工程中同样存在这样的问题。由此可知，传统文物保护技术的缺乏是目前我国文物保护工作中急需引起高度关注，并迫切需要解决的问题。

因此，在现行的文物保护指定制度中，应该补充传统保护技术这一项必要的、却被长期忽略了的内容。应该选择保护工程中所使用的最基本的、最主要的以及虽然平时使用频率不高但是不可缺少的传统保护技术认定为国家科技文化遗产予以保护。

对于文物保护技术实施的保护，应该包括以下几个方面的工作内容：一是对保护工作的从业人员进行传统保护技术的专业培训。传统的保护技术不应该只有直接进行施工操作的技术工人们掌握，保护工作者无论具体从事的是管理工作还是专业技术工作，都应该从理论和实践两方面了解、熟悉传统的保护技术。这样才能在实践操作与保护管理中有目的、有计划地使用、传承传统工艺技术，同时充分利用传统工艺技术，发挥它们的优势并与现代保护技术相结合。二是有计划地为传统保护技术的拥有者培养继承人，给他们的学习和培训提供便利的条件，包括经济上的资助。三是开展传统保护技术的研究工作。其具体的工作内容应包括对以个人经验的形式积累的、师徒传授的方式继承的传统工艺技术进行系统化的收集、记录、整理与理论化的提炼、总结，并将研究的结果正式出版，研究传统保护技术在保持传统工艺技术的优势与特点的前提下如何更新、改进以适应现代的工程技术条件、满足现代的保护工程要求，研究传统保护技术如何与现代保护技术有机结合，共同为保护工程提供充分的技术

支持与保障。四是为仍在使用高质量的传统工艺技术进行施工、操作及建筑材料的制作、生产的个人及团体，比如技艺高超的匠师、仍在坚持生产需求量很小但是为保护工程所必需的传统建筑材料的工厂、作坊等，制定优惠的扶助政策并提供经济支持，使他们能够继续工作和生产。

对文物保护技术的保护，还应该同时包括对文物保护技术所涉及实物的保护，主要是指各个工种使用的工具以及制造传统建筑材料所需的场地、物质条件等。没有这些实物，传统的工艺技术就无所依托、无法存在，技术与工具是不可分割的，要将它们作为保护技术的整体实施保护。

第二节　关于保护的立法与政策

保护政策是指体现在一个国家的保护法律以及其他有关保护的各种法规、条文、政策中的整体保护策略与方针。目前世界各国所采用的保护政策基本上都由两个基本的部分组成：一是控制性政策，也可称为强制性政策；一是刺激性政策，即优惠性政策。

一、控制性的保护政策

控制性的保护政策是指保护法律和其他有关保护的法规、政策中明确规定的、必须严格执行的内容，主要包括必须做的、严格控制的和明令禁止的；对土地利用的限制与规定；对涉及文物保护的工程建设的审查、控制与管理；制定规划与设计的法规等。对违反法规的行为、活动的处罚规定也是不可缺少的内容，主要是刑事处罚、罚款等方式。在处罚方面，各国根据具体情况制定有不同的处罚方式，处罚的轻重程度也有差异。比如实行文物登录制度的英国，规定未经许可擅自对登录文物进行的任何改变（包括改造、扩建、拆除等）均属刑事犯罪行为，视其行为造成后果的严重程度可判处两年以下的监禁或是没有上限的罚款，或者二者并罚。

控制性的保护政策是实施保护的根本保障与首要前提，构成了遗产保护工作的基本法律框架。在这个整体框架中，除以上这些起强制性作用的法规、政策之外，起鼓励、引导、推进作用的法规、政策更加重要和必不可少，这就是我们所说的刺激性的保护政策。

二、刺激性的保护政策

刺激性的保护政策主要是指国家制定的旨在鼓励、推进保护工作的各项优惠政策，常见的有减免税、低息贷款、政府给予的各种形式的补贴、基金及奖励、可转移的开发权、某些优先权等。

在税收制度健全的西方国家，减免税是政府最常使用的鼓励个人及团体、企业积极参与保护工作的手段，也是国家对于保护工作的一种重要的财政支持方式，只是各国的具体做法各不相同。如美国，实行多种减免个人所得税、财产税等的优惠税收政策。日本政府对于涉及文物的多种税收，如遗产税、固定资产税、城市规划税等实行免税。

奖励区划是最早在美国实行的一项优惠政策，后来为其他一些国家所采用。这是一种适用于城市地区的地方性政策，市政当局对有利于城市的整体发展和公共利益的建设开发行为给予鼓励和奖励，具体地说，如果有开发商能够为了公共利益提供相应的设施，比如牺牲一部分面积用作公共绿地、建设公共福利设施和城市基础设施及低收入者住宅、维护和修缮建筑遗产等，政府就可以在规定的面积之外准许增加一定比例的建筑面积或者适当提高法定的容积率使开发商获得经济上的回报。政府通过这种方式对以追求经济利益为根本目标的私人及企业的开发活动进行控制。可转移的开发权也是与奖励区划相类似的一项奖励性政策，政府对于因为要保护建筑遗产而受到限制的开发行为允许其转移到城市的其他地区同等条件地实施。政府利用这样的方法一方面可以保护建筑遗产，另一方面可以通过指定更适合于城市总体规划的其他地区来转移开发权，同时又兼顾了城市的整体发展与开发商、投资者的利益。不过在实践的过程中，这些奖励政策也附带产生了一些具体的问题，比如奖励区划，会因为额外增加的建筑面积及容积率导致建筑密度过大、建筑物高度过大，形成非宜人的城市公共空间，这一政策的制定本来是出于对公共利益的考虑，最终的结果却是对公共利益的损害。所以，对于优惠政策的决策和执行，虽然其出发点和意愿是良好的，但还是要充分考虑到实践过程中各种可能会形成的结果与影响，同时也不能单纯地依赖优惠政策去解决保护实践中存在的各方的利益问题，政府的严格控制与管理亦是不可缺少的。因此，控制性的保护政策与刺激性的保护政策必须相互配合，相互补益，才能比较充分地发挥各自的效力，才能够形成比较理想的保护局面。

第三节　关于我国的文物保护制度

保护制度包括管理制度和法规体系两大部分。

一、我国的文物保护管理制度

我国的文物保护机构分为国家与地方两级。作为国家一级的文化行政管理部门，国家文物局主管全国的文物工作；在地方，县级以上的地方各级人民政府设立专门的文物保护管理机构，管理本行政区域内的文物工作。没有设立专门的文物保护管理机构时，由当地的文化行政管理部门承担本行政区域内的文物保护工作。

对文物保护单位的保护管理主要包括：①日常性的保护管理工作，以及制订保护工作计划；②对涉及文物保护单位的各项行为、活动的申请进行审批，包括对文物保护单位进行的日常维护管理之外的修缮、大修以及改扩建工程，特殊情况下的迁移工程或拆除，涉及文物保护单位的建设工程，变更文物保护单位的使用性质，在保护范围或建设控制地带内的各种建设项目等。但是审批的权力并不全在文物保护管理机构，对于文物保护单位使用性质的变更要由当地文化行政管理部门报政府批准，迁移或拆除文物保护单位要根据该文物保护单位的保护级别报同一级人民政府和上一级文化行政管理部门批准，而文物保护单位本身的大修、改扩建、涉及文物保护单位的建设工程、保护范围或建设控制地带内的各种建设项目等，在获得文物行政管理部门的同意后还要报城乡规划管理部门审批。

目前，我国的行政管理体系是把建筑遗产作为“资产”而不是“文物”来进行管理的，所以建筑遗产的管理分属于多个行政部门，而不是统一归属于文物部门。国家文物局作为我国专司文化遗产保护管理的行政机构，它所管理的文化遗产是不完全的。就建筑遗产来说，一部分古代建筑如宗教建筑归宗教局、宗教协会等宗教部门管理，历史园林归属园林局或林业局管理，其中被命名为“风景名胜区”的又划归住房和城乡建设部管理，历史文化名城（镇、村）也划归住房和城乡建设部管理，这些建筑遗产开放旅游时又要接受旅游部门的管理、评定和分级。

二、我国关于文物保护的法规体系

一个完备的法规体系由法律、条例、章程、标准等共同构成。我国现有的关于文物保护的法规体系由宪法、文物保护法、涉及文物保护的专门的保护法等全国性的法律、法规及法规性文件和地方性的法规及法规性文件构成。

1.《中华人民共和国宪法》、《中华人民共和国刑法》与其他相关法规

《中华人民共和国宪法》作为国家的根本大法，规定了国家的根本制度和根本任务。《宪法》在“第一章　总纲”中即明确了国家保护文物和历史文化遗产的基本态度[1]，这是我们进行文物保护活动的根本准则。

《中华人民共和国刑法》规定了对破坏文物的犯罪行为的刑事处罚，包括有期徒刑、拘役和罚款[2]。《刑法》为文物保护事业提供了根本的法律保障和前提。对于破坏文物尚不构成刑事犯罪的行为则在《中华人民共和国治安管理处罚法》中规定了警告、罚款、拘留等处罚办法[3]。

---

❶ 《中华人民共和国宪法》第一章　总纲　第二十二条："国家发展为人民服务、为社会主义服务的文学艺术事业、新闻广播电视事业、出版发行事业、图书馆博物馆文化馆和其他文化事业，开展群众性的文化活动。国家保护名胜古迹、珍贵文物和其他重要历史文化遗产。"（下划线为本文所加）

❷ 《中华人民共和国刑法》（1979 年 7 月 1 日第五届全国人民代表大会第二次会议通过，1997 年 3 月 14 日第八届全国人民代表大会第五次会议修订）第三百二十四条："故意损毁国家保护的珍贵文物或者被确定为全国重点文物保护单位、省级文物保护单位的文物的，处三年以下有期徒刑或者拘役，并处或者单处罚金；情节严重的，处三年以上十年以下有期徒刑，并处罚金。故意损毁国家保护的名胜古迹，情节严重的，处五年以下有期徒刑或者拘役，并处或者单处罚金。过失损毁国家保护的珍贵文物或者被确定为全国重点文物保护单位、省级文物保护单位的文物，造成严重后果的，处三年以下有期徒刑或者拘役。"

❸ 《中华人民共和国治安管理处罚法》（2005 年 8 月 28 日通过，自 2006 年 3 月 1 日起施行）"第三章　违反治安管理的行为和处罚　第四节　妨害社会管理的行为和处罚　第六十三条："有下列行为之一的，处警告或者二百元以下罚款；情节较重的，处五日以上十日以下拘留，并处二百元以上五百元以下罚款：（一）刻划、涂污或者以其他方式故意损坏国家保护的文物、名胜古迹的；（二）违反国家规定，在文物保护单位附近进行爆破、挖掘等活动，危及文物安全的。"

其他一些法律法规中也有涉及文物保护的内容，例如《中华人民共和国城市规划法》[1]、《中华人民共和国环境保护法》、《风景名胜区管理暂行条例》等，在相关领域为文物保护提供法律保障。

2.《中华人民共和国文物保护法》

这是我国文物保护法规体系的核心，是进行文物保护工作的基础依据。

1982年11月19日第五届全国人民代表大会常务委员会通过了我国的第一部《中华人民共和国文物保护法》（以下简称《文物保护法》），它由"总则"、"文物保护单位"、"考古发掘"、"馆藏文物"、"私人收藏文物"、"文物出境"、"奖励与惩罚"、"附则"八个部分组成。这部《文物保护法》公布施行20年后，根据我国社会状况的发展与文物保护工作自身的发展变化，在新的社会、经济、文化背景下，第九届全国人民代表大会常务委员会对其进行了修订，修订后的《文物保护法》于2002年10月28日公布并施行。1992年4月30日国务院批准、1992年5月5日国家文物局发布的《中华人民共和国文物保护法实施细则》也重新修订为《中华人民共和国文物保护法实施条例》，于2003年5月公布施行。

新修订的《文物保护法》仍然由八个部分组成，但是与原法有所不同，分别是"总则"、"不可移动文物"（原法为文物保护单位）、"考古发掘"、"馆藏文物"、"民间收藏文物"（原法为私人收藏文物）、"文物出境进境"（原法为文物出境）、"法律责任"（原法为奖励与惩罚）、"附则"。与原法相比，新法首先在整体容量上增加了许多，一方面增添了新的内容，另一方面对原有的内容进行了修改、调整、补充和完善。

新修订的《文物保护法》在文物的定义和包含类型上与原法相比要全面、严谨，明确地把近代、现代的建筑遗产与实物也纳入到文物的范畴之内，而原法没有给出"近现代"这个清晰的时间界定[2]；为了更有针对性地、更清晰地制定保护原则，将文物划分为"不可移动文物"和"可移动文物"[3]，区别于原法使用的"文物保护单位"和"文物"。这种新的划分方法也和国际上通用的文物分类方法相一致；新法增加了"历史文化街区"这一内容，从而确立了我国建筑

---

❶ 《中华人民共和国城市规划法》（1989年12月通过）第二章　城市规划的制定　第十四条："编制城市规划应当注意保护和改善城市生态环境，防止污染和其他公害，加强城市绿化建设和市容环境卫生建设，保护历史文化遗产、城市传统风貌、地方特色和自然景观。"

❷ 《中华人民共和国文物保护法》（2002年修订）第一章　总则　第二条："在中华人民共和国境内，下列文物受国家保护：（一）具有历史、艺术、科学价值的古文化遗址、古墓葬、古建筑、石窟寺和石刻、壁画；（二）与重大历史事件、革命运动或者著名人物有关的以及具有重要纪念意义、教育意义或者史料价值的近现代重要史迹、实物、代表性建筑……"

《中华人民共和国文物保护法》（1982年）第一章　总则　第二条："在中华人民共和国境内，下列具有历史、艺术、科学价值的文物，受国家保护：（一）具有历史、艺术、科学价值的古文化遗址、古墓葬、古建筑、石窟寺和石刻；（二）与重大历史事件、革命运动和著名人物有关的，具有重要纪念意义、教育意义和史料价值的建筑物、遗址、纪念物……"

❸ 《中华人民共和国文物保护法》（2002年修订）第一章　总则　第三条："古文化遗址、古墓葬、古建筑、石窟寺、石刻、壁画、近代现代重要史迹和代表性建筑等不可移动文物，根据它们的历史、艺术、科学价值，可以分别确定为全国重点文物保护单位，省级文物保护单位，市、县级文物保护单位。历史上各时代重要实物、艺术品、文献、手稿、图书资料、代表性实物等可移动文物，分为珍贵文物和一般文物；珍贵文物分为一级文物、二级文物、三级文物。"

遗产保护的三个基本层次：文物保护单位—历史文化街区—历史文化名城[1]。从这几年公布的全国重点文物保护单位、省级文物保护单位、市县级文物保护单位等各级文物保护单位和国家级、省级历史文化名城与历史文化保护区来看，类型的丰富、数量的增加，都反映出我国对文物概念的认识的发展和变化。

对于文物保护管理工作，新修订的《文物保护法》提出了更为严格、具体的要求。不仅要求制订文物保护单位和不可移动文物的具体保护措施，更重要的是要公之于众；还加强了对在文物保护单位的保护范围和建设控制地带内进行的各种行为、活动的控制，规定不得进行其他建设工程以及爆破、钻探、挖掘作业等可能对文物保护单位的安全造成威胁的活动，也不得建设污染文物保护单位及其环境的设施[2]。这部分内容在原法中是没有的，这些具体的管理、控制要求反映出对不可移动文物以及与之相关的周围环境实施整体保护的概念的形成。同时，对既成事实的破坏和不良影响作出了处理规定，提出了“限期治理”以及“予以拆除”的要求[3]，这都是原法所缺少的。

除上述内容之外，修订后的《文物保护法》增补和完善的一个重要内容就是明确了有关文物保护的法律责任，对于违反《文物保护法》的各项规定、破坏文物或对文物造成不良影响的各种行为和活动应该承担的法律责任或处罚都作出了详尽的规定。原法“第七章　奖励与惩罚”从容量上来说，只包含三条内容，一条是对保护文物的行为的精神鼓励或物质奖励的规定，一条是对违反《文物保护法》规定的一些行为的行政处罚，第三条则规定了要依法追究刑事责任的行为（主要是贪污、盗窃文物，故意破坏文物或名胜古迹，私卖文物，私自挖掘古文化遗址、古墓葬等）。修订后的《文物保护法》第七章为“法律责任”，包括15条内容，对追究刑事责任的违法行为这部分内容进行了调整和增补，增加了民事责任的内容[4]，对不构成犯罪、给予处罚的破坏文物的行为，规定了有上、下限的罚款金额，并且实施处罚的主管部门也由原法中规定的工商行政管理部门改为文物主管部门。原法中没有关于对在文物保护单位的保护范围和建设控制地带内发生的破坏行为与活动的处罚内容，修订后的《文物保护法》

---

[1] 《中华人民共和国文物保护法》（2002年修订）第二章　不可移动文物　第十四条：“保存文物特别丰富并且具有重大历史价值或者革命纪念意义的城市，由国务院核定公布为历史文化名城。保存文物特别丰富并且具有重大历史价值或者革命纪念意义的城镇、街道、村庄，由省、自治区、直辖市人政府核定公布为历史文化街区、村镇，并报国务院备案……”

《中华人民共和国文物保护法》（1982年）第二章　文物保护单位　第八条：“保存文物特别丰富、具有重大历史价值和革命意义的城市，由国家文化行政管理部门会同城乡建设环境保护部门报国务院核定公布为历史文化名城。”

[2] 《中华人民共和国文物保护法》（2002年修订）第二章　不可移动文物　第十五条：“各级文物保护单位，分别由省、自治区、直辖市人民政府和市、县级人民政府划定必要的保护范围，作出标志说明，建立记录档案，并区别情况分别设置专门机构或者专人负责管理……县级以上地方人民政府文物行政部门应当根据不同文物的保护需要，制订文物保护单位和未核定为文物保护单位的不可移动文物的具体保护措施，并公告施行。”

[3] 《中华人民共和国文物保护法》（2002年修订）第二章　不可移动文物　第十九条：“在文物保护单位的保护范围和建设控制地带内，不得建设污染文物保护单位及其环境的设施，不得进行可能影响文物保护单位安全及其环境的活动。对已有的污染文物保护单位及其环境的设施，应当限期治理。”第二十六条：“……对危害文物保护单位安全、破坏文物保护单位历史风貌的建筑物、构筑物，当地人民政府应当及时调查处理，必要时，对该建筑物、构筑物予以拆迁。”

[4] 《中华人民共和国文物保护法》（2002年修订）第七章　法律责任　第六十五条：“违反本法规定，造成文物灭失、损毁的，依法承担民事责任……”

也增补了这一内容。由于修订后的《文物保护法》在文物分类方式、文物保护层次方面的调整和完善，在“法律责任”部分也就相应地增加了针对不可移动文物、历史文化名城、历史文化街区的内容[1]。历史文化名城、历史文化街区的称号不再是终身享有，对于已经获得历史文化名城及历史文化街区、村镇称号的城市、街区、村镇如果遭到破坏就要撤销其称号，并要对相关责任人给予行政处分。

修订后的《文物保护法》还在原法的基础上对已有的内容进行了完善和调整，将文物保护工作中会涉及的多方面的具体问题考虑在内，从而有利于实际的操作。在法律责任的规定上，一是将可能出现的破坏《文物保护法》的行为与活动加以细化，二是加大了惩戒的力度，以维护法律应有的威慑力，保证其执行的效果。

总体上来说，经过修订的《文物保护法》反映了这些年来我国文物保护工作所取得的长足进展和观念、认识上的更新、进步，其发展变化是非常明显的。但是在一些方面仍然不够完善、严谨和具体，存在着问题。

如术语和概念问题。术语是标准、规范的重要组成部分，遗产保护的术语不仅反映着遗产保护工作的自身特点，还反映着与遗产保护相关的其他学科的定性、定量与规律性的内容。作为我国文物保护法规体系的核心，《文物保护法》应当建立起科学、严谨的术语和概念系统作为整个保护法规体系的术语和概念的基础。在这个术语和概念的系统里，既包括有从国外遗产保护理论系统中引入的、已经在国际上普遍使用的术语和概念，还包括有根据我国的遗产特点和保护现状提出的适用于我国的术语和概念，这一方面是满足我国遗产保护工作的需要，一方面也是对国际遗产保护理论的贡献。因此，《文物保护法》中提出、使用的术语和概念都应该是有明确的定义和阐释的，而《文物保护法》对一些基本性概念的定义不够准确、科学和全面。例如对文物价值的定义（参见本书第三章第一节），只承认“历史、艺术、科学价值”必然会使具备这三种价值之外的其他价值的文化遗产被排斥在文物的范畴之外，或者使具备其他价值的文化遗产的价值难以得到准确的评价；对可以认定为文物的近代、现代建筑遗产的定义尤其显得单薄、片面，还局限在革命纪念地、名人伟人纪念建筑及纪念物这样单一的类型上，过分强调与革命事件、革命人物的关系及其纪念意义，忽视了这些近代、现代的建筑遗产作为有形的、实在的、具有物质属性的建筑物本身所应具备的品质和特性，也忽略了记录近代、现代这些不同历史阶段的其他大量的、类型丰富的文化遗产。

对于以建筑遗产为主的不可移动文物的保护级别的确定，《文物保护法》中缺乏规范的、严格的、可资参照的标准，只是笼统地规定“……根据它们的历史、艺术、科学价值，可以分别确定为全国重点文物保护单位，省级文物保护单位，市、县级文物保护单位”（第一章　总则　第三条）。没有提出对应于各个保护级别的评定标准，也没有说明三个保护级别的区别。

---

[1]《中华人民共和国文物保护法》（2002年修订）第七章　法律责任　第六十六条：“有下列行为之一，尚不构成犯罪的，由县级以上人民政府文物主管部门责令改正，造成严重后果的，处五万元以上五十万元以下的罚款；情节严重的，由原发证机关吊销资质证书：……（三）擅自迁移、拆除不可移动文物的；（四）擅自修缮不可移动文物，明显改变文物原状的；（五）擅自在原址重建已全部毁坏的不可移动文物，造成文物破坏的……”第六十九条：“历史文化名城的布局、环境、历史风貌等遭到严重破坏的，由国务院撤销其历史文化名城称号；历史文化城镇、街道、村庄的布局、环境、历史风貌等遭到严重破坏的，由省、自治区、直辖市人民政府撤销其历史文化街区、村镇称号；对负有责任的主管人员和其他直接责任人员依法给予行政处分。”

FOUR

对“历史文化名城”、“历史文化街区”的选定标准，修订后的《文物保护法》定义得也不够详细和全面。“历史文化名城”、“历史文化街区”，都应该是指历史、文化积淀丰富的城镇和街区，而且这种积淀应该主要表现为数量较为可观的、物质的、有形的建筑遗产，否则会使人难以感受到、体验到历史与文化的积淀。在实际情况中，我们常常会看到一些拥有历史文化名城、历史文化街区称号的城镇、街区，显然是已经丢失了历史的面貌，混杂在毫无特色、面目雷同的所谓现代化城镇中。造成这种状况的原因大致有两类，一是有些城镇历史确实悠久而且内容丰富，但是这种悠久和丰富只是存在于文献中，存在于历史记录中，到今天几乎没有留存下什么实在的、可视的、有形的遗产；二是有些城镇留存下来的遗产以可移动文物或地下遗址为主，按照通常处理可移动文物的方式——在博物馆中集中收藏集中展示，这些文物大多会脱离原生的环境成为孤立存在的展品、藏品，与其本来赖以存在的空间与环境不再有什么联系。地下遗址若没有条件进行展示，常以回填方式处理，继续以隔绝的、孤立的状态存在。所以，《文物保护法》第二章“不可移动文物”第十四条所规定的“保存文物特别丰富……”（见前注），对其中的“文物”应该有更进一步的说明和更明确的界定。需要明确历史文化名城应该是指具有实在的、可视的物质形体、能使人置身其中直接感受与体会历史、传统、文化，并能够形成美好景观的空间及环境。这同时也就决定了构成它们的主要元素是建筑遗产，而且是达到一定数量的、彼此之间具备某种内在的时间或空间关联的建筑遗产，这就是历史文化名城的定义中“文物”所指的主要含义。

相当长时间以来我国文物领域重视可移动文物多于不可移动文物的习惯也反映在《文物保护法》的控制性规定中，要追究刑事责任的基本上是破坏可移动文物的行为，破坏不可移动文物的行为主要是行政处分和罚款，也就是说在我国破坏珍贵的可移动文物的行为要追究刑事责任，而毁掉一个历史城市或拆除一座古代建筑的行为却不会受到与其造成的后果相当的、足够严厉的处罚或刑事责任。

3. 有关保护的地方性法规

有关保护的地方性法规是省、自治区、直辖市以及省级人民政府所在地的市和国务院批准的较大的市的人民代表大会及常务委员会根据宪法、《文物保护法》、相关法律和行政法规，结合本地区的实际情况制定的关于文物保护的规范性文件。

目前有关保护的地方性法规基本上包括三种类型：一是地方性的“文物保护法”，包括保护管理条例、保护管理实施办法、保护管理办法、实施文物保护法办法等，是各地区以《文物保护法》为原则和根本，结合本地区文物的特点和实际状况制定的，在内容构成与具体规定上都与《文物保护法》基本一致；二是针对某一类型的文物，包括文物保护单位、历史文化保护区和历史文化名城，制定的保护管理条例、规定或办法，内容侧重于具体的保护范围划分、保护管理机构设置、保护管理措施等；三是针对某一个不可移动文物制定的保护管理办法或规定，其主要内容也是关于保护范围划分、保护管理机构设置、保护管理措施等的具体规定。

地方性保护法规是我国保护法规体系中不可缺少的组成部分。就目前我国的三个保护层次来说，有关“文物保护单位”的保护法规在数量上是最多的，内容也最为全面。而有关“历史文化保护区”和“历史文化名城”的基本上以地方性法规为主，地方性保护法规与全国性保护法规相互补充，基本上能够涵盖遗产保护的三个层次，但是仍然不完善，尤其是有关历史文化保护区和历史文化名城的保护法规急需充实和发展（表 4–1）。

我国现有的主要地方性保护法规 **表 4–1**

类 型	法规名称（公布／施行时间）
地方性文物保护法规	《河南省文物保护法》（2004 年） 《吉林省文物保护管理条例》（2002 年） 《山东省文物保护管理条例》（1990 年公布，1994 年修订） 《山东省文物保护条例》（2010 年） 《北京市文物保护管理条例》（1998 年） 《河北省文物保护管理条例》（1993 年） 《湖北省文物保护管理实施办法》（1993 年） 《陕西省文物保护管理条例》（1995 年） 《四川省文物保护管理办法》（1995 年） 《西藏自治区文物保护管理条例》（1996 年） 《浙江省文物保护管理条例》（1997 年） 《江西省文物保护管理办法》（1997 年） 《广西壮族自治区文物保护管理条例》（1997 年） 《海南省文物保护管理办法》（1997 年） 《湖南省文物保护管理条例》（1997 年） 《福建省文物保护管理条例》（1997 年） 《新疆维吾尔自治区文物保护管理若干规定》（1997 年） 《宁夏回族自治区文物保护单位管理办法》（1997 年） 《广州市文物保护管理规定》（1994 年） 《苏州市文物保护管理办法》（1998 年） 《青海省实施文物保护法办法》（2001 年） 《甘肃省实施文物保护法办法》（1997 年） 《云南省实施文物保护法办法》（1993 年） ……
针对某一类型建筑遗产的保护法规	《北京历史文化名城保护条例》（2005 年） 《北京历史文化名城保护规划》（2002 年） 《西安历史文化名城保护条例》（2002 年） 《上海市历史文化风貌区和优秀历史建筑保护条例》（2002 年） 《上海市关于本市历史建筑与街区保护改造试点的实施意见的通知》（1999 年） 《广州历史文化名城保护条例》（1999 年） 《福州市历史文化名城保护条例》（1997 年） 《山东省历史文化名城保护条例》（1997 年） 《延安革命遗址保护条例》（2001 年） 《苏州园林保护与管理条例》（1997 年） 《河南省古代大型遗址保护管理暂行规定》（1995 年） 《上海市优秀近代建筑保护管理办法》（1991 年） ……
针对某一具体建筑遗产的保护法规	《福建省武夷山世界文化和自然遗产保护条例》（2002 年） 《南京城墙保护管理办法》（1996 年发布，2004 年修改重新发布） 《西安市周丰镐、秦阿房宫、汉长安城和唐大明宫遗址保护管理条例》（1995 年） 《大同市云冈石窟保护管理条例》（1997 年） 《天津市黄崖关长城保护管理规定》（1993 年） ……

资料来源：作者自制。

小结：

制定法规和政策的目的重要的是在于鼓励和引导，而不只是在于强制执行。法规的实施需要从中央到地方各级政府、社会团体和公众的热情和不懈努力，这是一个循序渐进的过程。以法律为保障的各种强制性保护与管理手段只是建立完善、严密的保护体系的一个方面，另一个方面则是引导、教育、鼓励公众以各种具体的、实际的行动（表现在人力、物力、资金等方面）参与保护。没有公众的参与和支持，政策、法规的落实也是非常困难的。这两个方面就是保护体系的左右手。只有它们协调配合，共同发挥作用，保护工作才会取得良好的实施效果。

中国建筑遗产保护基础理论

建筑遗产的保护

FIVE

第五章　建筑遗产的保护

FIVE

第一节　什么是“保护”

“保护”概念在遗产保护理论的术语和概念体系中是一个重要且基本的概念，而且是一个有着丰富内容的专业性概念。对于“保护”的概念，不仅要进行严格的、科学的定义，同时也要随着遗产保护运动的发展变化去探讨和调整。

在我国现有的保护法规文件中，《文物保护法》（2002年修订）对“保护”是直接应用的，没有进行定义。根据具体的条文内容来理解，《文物保护法》所应用的“保护”主要是指“修缮”、“保养”这样的工程技术行为[1]。同时列举的“迁移”、“重建”就行文来看应该是区别于“保护”的行为活动。

2000年国际古迹遗址理事会中国国家委员会制定的《中国文物古迹保护准则》对“保护”明确作出了定义：“保护是指为保存文物古迹实物遗存及其历史环境进行的全部活动”（第一章　总则　第二条）。“保护”的具体措施主要是修缮（包括日常保养、防护加固、现状修整、重点修复）和环境整治[2]，把“保护”行为的实施对象从遗产本体扩大到了与遗产相关的周围环境。在《中国文物古迹保护准则·案例阐释》（2005年，征求意见稿）的案例解说中，对“保护”概念继续进行了补充和阐释：“保护不仅包括工程技术干预，还包括宣传、教育、管理等一切为保存文物古迹所进行的活动。应动员一切社会力量积极参与，从多层面保存文物古迹的实物遗存及其历史环境”，这就把“保护”从单一的工程技术行为拓展为综合了保护工程技术、宣传、教育、管理的社会行为。

国际遗产界对“保护”（conservation）概念的理解和定义也是一直在变化和扩展的。在《威尼斯宪章》（1964年）中，“保护”概念是针对遗产的物质层面的，属于抗销蚀的工程技术行为，其目的在于尽可能长久地保存作为物质实物的遗产。主要的措施是“维护”[3]（maintenance）（日

---

❶ 《中华人民共和国文物保护法》（2002年修订）第二章　不可移动文物　第二十一条：“国有不可移动文物由使用人负责修缮、保养；非国有不可移动文物由所有人负责修缮、保养…… 文物保护单位的修缮、迁移、重建，由取得文物保护工程资质证书的单位承担。对不可移动文物进行修缮、保养、迁移，必须遵守不改变文物原状的原则。”

❷ 《中国文物古迹保护准则》第四章　保护工程　第二十八条：“保护工程是对文物古迹进行修缮和对相关环境进行整治的技术措施。对文物古迹的修缮包括日常保养、防护加固、现状修整、重点修复四类工程。每一项工程都应当有明确的针对性和预期的效果。所有技术措施都应当记入档案保存。”

❸ *The Venice Charter 1964* Conservation. Article 4_ “It is essential to the conservation of monuments that they be maintained on a permanent basis.”

常的，持久的）和“修复”（restoration）（指保存和再现遗产的审美和历史价值的技术行为）[1]。《内罗毕建议》（1976年）对“保护”的定义是“鉴定，防护（protection）、保护、修缮、复生、维持历史或传统的建筑群及它们的环境并使它们重新获得活力”，增添了使遗产重生、恢复生命力的非物质层面的新内容。《奈良文献》（1994年）对“保护”的定义是“用于理解文化遗产，了解它的历史及含义，确保它的物质安全，并且按照需求确保它的展示、修复和改善的全部活动”，将“保护”概念扩展到了非物质层面，开始关注遗产与人的精神关联，人类应当通过理解遗产蕴涵的内在意义去建立人与遗产之间的关系。《巴拉宪章》的“保护”概念包含更为广义的内容[2]，保存（preservation）、保护性利用（conservative use）、保持遗产（与人）的联系及意义（retaining associations and meanings）、维护（maintenance）、修复（restoration）、重建（reconstruction）、展示（interpretation）、改造（adaptation）。《魁北克遗产保护宪章》阐释“保护”概念的视野更为开阔，以发展作为前提去制订保护措施、实施保护，而保护的目的就是使遗产具有可利用性、能融入人民的生活[3]。

对“保护”概念的定义和理解不能只局限于物质的工程技术干预行为而忽略了“保护”所具有的非物质层面上的重要意义；不仅要重视作用于遗产本体的工程技术干预行为，要同样重视遗产同相关环境在时间与空间上的联系；遗产的“利用”和遗产的“展示”都属于“保护”，而且是“保护”行为活动中的重要内容。没有“利用”和“展示”的“保护”是不完全的、不科学的。如果没有将利用和展示作为保护的内容来实施、操作，就会导致实践中利用和展示同保护的割裂，甚至是矛盾、对立，产生不利于保护、有损于保护的结果；保护的工程技术干预行为不能仅考虑静态遗产，要同样考虑动态遗产不同于静态遗产的特点和保护要求。

因此，所谓“保护”，是指理解建筑遗产本体及其相关历史环境并使它们保持安全、良好状态的一切行为活动，具体包括研究、工程技术干预、展示、利用、改善及发展、环境修整、教育、管理等多方面的内容[4]。

第二节 “保护”的内容

一、资源调查

资源调查是保护的基础工作，是掌握、了解遗产各方面状况、获取遗产现状基础信息的技

---

[1] *The Venice Charter 1964* Restoration. Article 9_ "The process of restoration is a highly specialized operation. Its aim is to preserve and reveal the aesthetic and historic value of the monument..."

[2] 参见第二章第一节“1979年8月《巴拉宪章》部分”的内容。

[3] 《魁北克遗产保护宪章》4. 遗产和保护的定义：“……遗产的保护可以看做是研究、专业技术和物质干预的组合。它的目的在于保护这个遗产的每个部分处于可能的最好状况。这个活动包含正确的维护、加固、维修、保护和修复...”条款V：“国家遗产的保护包括维持、保护和发展。V-A：首先，我们国家的遗产必须通过不断的维护得以确保。V-B：文化遗产的发展具有重大意义。这个发展包括所有采用的措施，目的是使遗产具有可达性、有用性。如果需要，使它们重新进入魁北克人民的日常生活中。V-C：每个保护国家遗产的行为必须尽可能原貌保护，避免基于臆测的重建。V-D：文化遗产的发展应该包括实践知识的普及。这对传递遗产给后代，保证它们被永久地保护是必要的。”

[4] 本文试对现有的“保护”概念进行补充和完善，提出这个比较全面的、与我国的建筑遗产保护现状和特点相适应的“保护”概念。这个概念主要是针对具有物质属性的建筑类文化遗产的，适用于可移动文化遗产和非物质文化遗产的“保护”概念不在本文讨论的范围之内。

术性手段。

资源调查的内容包括调查对象的现存物质状况，保护现状，管理现状，与遗产相关的自然环境与社会环境状况。调查的同时进行相关资料的收集，这些资料包括测量资料（地形图，专业测图，包括航片、卫星照片、遥感影像图等）、自然条件（气象资料、水文资料、地质资料、自然资源）、文献档案、相关文物等。

资源调查所采用的手段是以传统的人工勘测记录手段结合现代的信息采集技术。传统的人工勘测记录手段具体地说主要是实地勘察、记录、测绘、拍摄影像资料，现代的信息采集技术主要是全球卫星定位技术、航空遥感技术、地理信息系统、数字航空摄影技术（获取调查对象的三维立体模型）等，所使用的仪器设备包括传统的人工测量工具及全站型电子速测仪、GPS卫星定位系统、激光测距仪等近年来开始普及的先进的测量设备。

资源调查根据工作目的的不同分为基础信息的普遍调查和针对某项保护工作内容的专项调查。普遍调查在工作性质上属于保护的前期基础工作，为保护的各项工作提供基础依据。专项调查是围绕一个或几个调查目标展开的调查，可以与普遍调查共同进行，也可以在普遍调查的基础上结合具体一个保护工作的进展进行。专项调查是有明确目的性的资源调查，其目的或者是为某一具体的保护工作，如编制保护规划、制订保护工程方案、制定管理标准和规范、确定展示内容和制订展示方案、开展某项遗产研究等提供完整、详尽、及时、可靠的基础信息资料，或者是专门为解决保护工作中遇到的难题寻找现实的依据。

资源调查的数据和资料的记录、整理方式也应该经过科学、周密的设计，一要能够保证以准确、简单明了且高效率的方式记录、整理采集到的各类信息，二要能够避免因调查者的个人主观因素产生的偏差和错误，保证调查成果的准确性。

二、研究

研究是揭示和发现遗产的内容、价值和文化意义，以及获得遗产各方面信息的保护工作内容，是所有保护活动得以进行的前提和基础。

保护活动的进行是建立在对遗产内容、价值和意义的全面、深刻的了解和把握上的，而这些都需要通过科学研究才能够达成。而为了给科学研究提供必需的前提条件和基础资料就需要全方位地收集、挖掘遗产的各方面信息，所以科学研究同时也是获得遗产信息的有效手段。

遗产研究应包括两个方面的基本内容，一是遗产研究，一是遗产保护研究。

1. 遗产研究

包括：遗产的本体研究——遗产的组成内容，组织构成的方式，物质结构，空间构成与创造，材料与建造方式，工艺与技术，艺术形象，景观等；

为遗产研究提供基础条件的遗产相关文献研究；

遗产的历史研究（遗产的形成、产生、演变发展和相关的历史背景、历史成因研究，相关的历史活动、历史事件及历史人物研究等）；

遗产的文化学研究；

遗产的价值研究与评价；

为保护技术干预提供依据的遗产原样及其衍变研究；

以及以遗产为依据或背景进行的其他相关研究。

2. 遗产保护研究

包括：遗产所在地的自然条件与自然资源研究与分析，遗产所在地的社会经济状况研究，遗产所在地的地区文化与传统文化研究，遗产所在地的建筑传统与工艺技术研究；

遗产保护条件和现状研究与评价；

遗产破坏因素研究与分析；

遗产所需的保护技术研究与试验；

遗产管理现状和条件研究与评价，遗产保护资金的管理与运作研究；

遗产展示研究；

遗产利用研究；

遗产教育研究，遗产发展与改善策略研究；

针对遗产的具体保护原则、方法及手段研究；

以遗产作为依据或实际案例进行的普适性保护原则、方法及手段研究；

保护规划实施结果研究与评价，保护工程实施结果研究与分析；

遗产保护的法律法规研究，遗产保护政策研究。

整个保护工作的过程中都贯穿着遗产研究工作的进行，保护活动的每一项内容、每一个阶段都有相对应的研究工作为其提供科学的支持。

当今的遗产保护事业没有多学科、多专业的合作是无法进行的，这一基本特点在遗产研究中也体现得十分显著，在建筑学、建筑工程、历史学、艺术史、考古学、地质学、地理学、生态学、化学、管理学、经济学、社会学、文化研究、法律、计算机技术、材料学等多学科的参与、协作之下，这些研究工作才能够完成。

三、技术干预

技术干预是施加于建筑遗产本体及其相关环境的工程技术措施。在我国的专业和非专业领域一直以来被广泛使用的“保护”这一概念其实都指的是这些对建筑遗产施加的保护技术，或者可以说技术干预是狭义的“保护”概念。

通过施加技术干预，消除引起遗产破坏的隐患，恢复遗产健康良好的状态，使其尽可能长久、稳定地存在并保持其价值和文化意义，这就是对遗产及其环境进行技术干预的根本目的。

根据技术干预的技术特点的不同，对建筑遗产的干预程度的不同，所要解决的建筑遗产的现状问题的不同可以分为五类具体的技术干预方式——保存、修复、重建、迁建、环境修整。

1. 保存

保存是适用于各种类型建筑遗产的技术干预方式，是基本保持现状、技术干预程度较低的方式，包括日常维护和加固等几类技术措施。

1）日常维护

日常维护是经常性的保养维护工程，是最基本的保护技术措施，在直接作用于建筑遗产本体的各类技术措施中对遗产干预的程度是最小的。

日常维护内容包括监测有破坏隐患的部分，对可能出现的破坏情况采取预防措施，以及对施加技术措施后遗产的保存状态进行监测。日常维护在各类技术措施中是最基础、最重要的，因为对于原初状态就比较好的遗产和经过保护技术干预后的遗产，只要日常维护工作做得好，就能把遗产尽可能长时间地保持在良好的状态，这样就可以尽量减少对遗产的人为干预，所以在各类保护技术干预中这应该是最重要的。对于原初状态就比较好的、经过保护技术干预进入到良好状态的遗产进行日常维护可以取得理想的、事半功倍的保护效果。

日常维护是不添加新构件、新材料的保护技术措施，它必须定期地、有计划地、严格地按照技术规范进行。

2）加固

加固是用现代工程技术手段对遗产中损伤的部位或是存在安全隐患的、必须采取措施加以解决的部位进行加固、稳定、支撑、防护、补强的保护技术措施。加固措施一般在保护对象出现危及结构的稳定和安全的情况时使用，加固、稳定、支撑、防护从性质上来说都属于物理措施，它们不改变保护对象的物质构成材料的性质。

加固措施的使用一直强调尽量不改变保护对象的外观面貌的原则，为加固所使用的现代构件、现代材料要尽可能用在保护对象的较隐蔽的部位，以免破坏保护对象的外观和特征。但是也没有必要为遵守这一原则刻意隐藏所加的措施，因为这也是遗产存在状态的一种真实反映。不过添加的这些现代构件、现代材料自身的形式、色彩还是要加以谨慎的控制，不能过于突出、显眼。

防护措施包括直接施加在保护对象上的防护、遮蔽性的构筑物或建筑物，是为了给保护对象创造一个较为稳定的、少受外界因素侵扰的空间环境。需要防护的保护对象可以是残存的遗址局部和建筑物，或者建筑构件，如一个石柱础、一段残墙、一处基址等，也可以是大面积的完整遗址。比如对于经考古发掘、需要展示的地下遗址建造保护性构筑物、建筑物，即遗址博物馆，就目前的技术水平来说是较好的选择。现代的大跨度、轻质结构技术为遗址博物馆的建造提供了充分的技术支持。但是在地面基址、地下遗址的原址之上建造遗址博物馆的保护方式对遗址的外观形象和遗址的环境面貌都有很大的改变，所以对其设计必须有严格的控制，博物馆的形式、体量应该能够体现遗址的特点，与遗址所在地的环境构成要素（地形地貌、植物、水系……）的特点协调、自然地共存，以直接的、干净利落的方式满足保护遗址的功能需要，不必在建筑物的风格问题上多做文章。

不论是施加于遗址局部的，还是覆盖、遮护整个遗址的，所加建筑物、构筑物都不能对保护对象造成损伤，而且最好是能够拆除的，这样就能为日后实施更有效的、干预程度更小的防护、加固措施预留了可能。

补强也是经常使用的保护技术措施，是在保护对象易发生破坏的材料或构件表面，如彩绘、壁画、石质构件、木质构件等喷、涂防护材料以防止腐蚀、风化、剥落等破坏，或是在已发生破坏的部分注入补强材料以提高材料强度。由于这些防护材料、补强材料基本上都是化学试剂，会改变保护对象的材料性能。涂刷在构件表面的防护剂会渗透进材料内部，渗透进去的这部分一般来说是无法除去的，所以这种技术措施在可逆性上是有较大缺陷的，但是它有不改变保护对象外观的优点，并且对于有些破坏问题，如石质材料、夯土、彩绘、壁画等，化学防护措施还是较为理想的解决方法。对于一些特别重要的、价值特别突出的、不能采取修复措施进行保护的构件或材料，化学防护就是唯一的选择。

总的来说，这些物理的、化学的加固措施都对保护对象产生了一定的影响，物理的措施虽然与化学防护措施相比可逆性较好，但是使用的现代新材料与保护对象原有的材料在力学性能上差异很大，所以会改变保护对象整体的受力情况，由此可能会产生一些潜在的结构安全问题。而化学措施则改变了保护对象的材料性能，虽然在外观上不会显现出来，但是实际上已经影响了保护对象的材料真实性。

2. 修复

修复[1]是使发生破坏的建筑遗产恢复原状的技术措施。其具体的措施内容包括：①对损伤的、变形的结构部分进行维修，对产生位移、错动、歪闪、拔榫现象的构件进行恢复（打牮拨正，大木归安），排除安全隐患；②对损坏的构件进行修补（如墩接、挖补），对损坏严重无法修补或修补后无法满足使用要求的用复制的新构件进行更换；③添补缺失的构件；④重新制作构件表面的彩绘、油饰部分；⑤清理、去除后代添加的价值、意义很小，与保护对象未形成整体关系的构件及建筑物、构筑物。

修复是不得已才应用的措施。它对建筑遗产的真实性影响是比较大的，很多看上去非常衰老、陈旧的古代建筑，其实可能处在一个平衡的、稳定的安全状态，施加不必要的保护技术干预，反而会破坏这种平衡状态。什么情况下需要采取修复这样的措施是必须经过全面的分析、严格的监测的，只有在确认存在严重的结构问题、不修复就会影响保护对象的存在的情况下才能作出进行修复的决定。修复对保护对象的干预程度也是比较大的，但是在实际中是应用最为普遍的保护技术措施，因为处于健康、良好状态只需进行日常维护的建筑遗产毕竟是少数，大部分的遗产都需要经过内容不同、工程量不同的修复后才能够达到只进行日常维护即可的状态。

遗产的修复必须以资源调查成果、价值评估结果和遗产研究成果为依据来制订修复的方案，这样才能保证修复的可靠性和科学性。

1）依据什么进行修复

修复是使破损的遗产恢复原状，那么什么是“原状”？

“原状”是一个比较的概念，一般来说是与今天我们所见的遗产状态相比较而言的。相对于今天，遗产的原状有三种可能：

一是遗产最初建造生成时的状态，即前文“完整性”部分所说的“原样”。原初的状态是最完整、最原真的状态。这种原初的状态是一种绝对的、理想的状态，但是关键的问题是我们怎样才能获知、了解这个状态呢？对于经历过较长时间的古代建筑遗产，这是非常困难的，通常是不可能的。对于近现代及当代建筑遗产来说还是有可能了解、掌握、确定这个原初状态的。以原初的状态变为“原状”的另一个问题是会造成遗产历史信息的丢失，从建成到实施现代的保护技术干预之前的这些时间里所产生的信息都会被抹去，这无疑是对遗产真实性的损害，造成遗产价值的降低，除非是原初状态所具有的价值远远高于以后时间里所产生的所有价值，而且这一认识得到普遍的认同和接受。在修复实践中，以原初建造时的状态为原状实施修复的比较有影响的实例有 20 世纪 70 年代的南禅寺大殿的修复，它们修复为原初状态都是有具体的背景原因的。

二是遗产在历史上某一个时间段或时间点时的状态，这样的遗产状态有很多个，那些经历

---

[1] 《雅典宪章》将维护、修复和加固作为基本的保护技术，对于保护技术的使用原则，强调的是经常持久的维护，在因坍塌、破坏而必须修复时才进行修复，修复必须尊重过去的历史和艺术的创作，不能排斥某个特定时期的风格。运用已掌握的现代技术与材料进行加固也是被提倡的保护技术；《威尼斯宪章》也将日常维护和修复作为基本的两类保护技术，根据《威尼斯宪章》的精神制定的《佛罗伦萨宪章》规定的历史园林的保护技术包括维护、保存、修复、重建四类，关于“修复”的原则，一是“在未经彻底研究，以确保此项工作能科学地实施，并对该园林以及类似园林进行相关的发掘和资料收集等所有一切事宜之前，不得对历史园林进行修复，特别是不得进行重建”（第十五条），二是“修复必须尊重有关园林发展演变的各个相继阶段。原则上说，对任何时期均不应厚此薄彼……”（第十六条）；《中华人民共和国文物保护法》（2002 年修订）中提到的保护技术有修缮、保养、迁移、重建，但是没有具体的解释；《中国文物古迹保护准则》提出的保护技术包括日常保养、防护加固、现状修整、重点修复四类（第二十八条）。

FIVE

时间越长的遗产这样的状态就越多。选择确定这个状态需要充分的信息，应该是以我们所掌握的信息的数量、质量作为选择确定的依据，遗产哪个时间段（点）的信息掌握得多，就选择哪个时间段（点）时的遗产状态作为“原状”。但是实际上在选择、确定这个状态时，目前的常用标准更多考虑的是文化方面的因素，把今人理解、想象中的、存在于某一个历史时期的状态当做最完美的状态、最辉煌的状态确定为遗产的原状，以此来特别强调某种文化的象征意味或是实现某种政治功能。就某一历史时期的遗产状态及这一历史时期的社会、经济、文化状况来说是有文献给我们提供了解的基础和依据的，但是加上某种人为的历史想象和文化臆测所产生的所谓最完美、最辉煌的遗产“原状”就带有了很多的主观色彩，也就是说虽然这个状态本身是客观的，但是我们今天选择、确定这个状态的依据、观点却是主观的。现在流行的“盛世”[1]概念就是这样的，修复古代建筑，要把它修到最盛时的状态，而不管我们现在对这个最盛期的信息掌握多少、理解多少，是否能够为修复工程提供足够的、可信的理论依据。同时，以这种“盛世”状态作为遗产修复要达到的最终状态，必然会损失一部分在这个“盛世”之后产生、形成的价值内容，这与现在已普遍接受的要保存历史上不同时期遗留在遗产上的印记的原则相违背。况且，一个社会的“盛世”与一个建筑的“盛世”未必是同一的，当一个社会的文化、经济、政治发展到繁荣时期时，具体到某一个建筑，就不一定是这个建筑自身发展演变所达到的最高峰的时期，所以这个“盛世”还有偷换概念之嫌。因此，是否能够把历史某一时间段（点）的遗产存在状态作为“原状”，不能以主观喜好和某种价值取向来选择确定，只能以现今能够获得、掌握并理解的信息、资料为依据来确定。这个状态有可能是一个建筑物在规模最大、最完整时的状态，也有可能是经过某次大修或增建、扩建后的状态，还有可能是经历过某次巨大的破坏之后存留的状态，等等。

三是现在对遗产实施保护技术干预之前的状态，可以设想为是我们第一次发现、看到该遗产、尚未对其施加任何的保护措施时它具有的状态。这个状态如果是健康的、良好的，进行日常维护即可不再需要施加干预程度更高的其他保护技术措施，那么一般来说就可以把这个状态确定为该遗产的原状，并把它完整、详尽地记录下来，建立该遗产的全面信息档案，作为日后进行保护工作所依据的“原状”。如果遗产是以破损状态存在的，那么还需要进行进一步分析具体情况：①如果破损、缺失的物质组成部分遗产自身就可以提供充分的依据来恢复，那么就可以将此状态作为原状，施加保护技术措施就是为了使这个状态更安全、更健康、更良好。在这种情况中，破损、缺失的物质组成部分还有相同或相近的同类构件或部分存在，现存的构件、部分可以作为修补和复制的样本，也就是说遗产自身携带有能够提高自己的物质完整性的信息。假如少量丢失的信息遗产自身无法提供，但是可以在同一历史时期、同一类型、同一地区的其他遗产中获得，那么也可以被认为是属于这种情况。在恢复遗产的物质完整性的同时要注意检查、评估因这些部分的破损、缺失而丢失的信息是否随之恢复。如果是由于客观的因素确实无法恢复全部的信息，那就要考虑用其他的非工程手段来弥补，比如深入发掘、研究相关的文献、资料中潜藏的信息，提供可供参照的同类型遗产的信息，或利用虚拟建造等技术手段。总之，仅有物质组成部分的恢复是片面的，必须同时还有信息的恢复，二者缺一不可。②如果现状的遗产自身已经无法提供充分、可靠的修复依据，那就只能以我们掌握、了解的遗产某一个时间段（点）的状态作为“原状”，这种情况下可以归为第二种“原状”情况来处理对待。

---

❶ 实例如文化部副部长兼故宫博物院院长郑欣淼谈到故宫正在进行的大修时说：“将从整体上恢复故宫在‘康乾盛世’时的面貌。”

2）修复的原则

修复作为干预程度较高的保护技术措施，会对保护对象的真实性造成或多或少的损失，其结果就是影响保护对象的价值，所以实行时必须有严格的原则加以控制：

（1）对于修复的技术手段和材料，必须首先考虑使用传统的技术手段和传统的材料。

传统的技术手段和材料不能解决问题时再考虑使用现代技术手段和现代材料。所选用的现代技术和工艺、现代材料必须是经过长期使用的、成熟的，对保护对象的原有结构、原有结构构件不会产生改变其受力状态和性能的副作用。同时，还要考虑所选用的现代技术和工艺、现代材料与传统技术、工艺、材料的相容程度，是否会有冲突和影响。

不仅对现代技术和工艺、现代材料的使用要十分慎重，对传统技术、工艺和传统材料的使用也要十分慎重，因为传统工艺、技术的散失、消亡、水平下降和传统材料制作水平的降低会造成虽然使用的都是传统的技术、工艺和材料，但是仍然导致了保护对象真实性损伤的情况。

（2）修复要尽可能地降低对保护对象的物质组成的干预程度。

即尽量少做，对于损坏的构件能修就修，尽量不要更换。落架大修这种解体式的修复手段是在其他技术手段不能解决问题（主体结构损坏严重、主要结构构件损伤严重）的情况下采取的不得已而为之的办法。

（3）修复进行一次应该能够尽可能彻底地、长时间地解决问题，使遗产经修复后达到的健康、良好状态能够只用日常维护即可持续下去。

（4）各个历史时期留下的印记应该尽量保留，并给以清晰的说明。

辨识出具有不同时代风格、特征的构件和细部对于研究者和观赏者而言都是一种令人满意的享受。

（5）修复的目标是恢复遗产所携带的信息，而不是为了追求物质组成上的完整无缺。

由于信息需要依附于物质载体，信息的恢复就需要通过对物质组成的恢复来实现，所以修复就表现为针对遗产的物质组成实行的保护技术措施。在保护实践中，要避免只注重遗产物质组成的恢复、忽略信息恢复的情况发生。

（6）对于一直被奉为中国古代木构建筑修复原则的“修旧如旧”[1]到底该如何理解。“修旧如旧”这一概念从未有过明确、严格的界定，使得它在保护的实际操作中很难把握。中国古代的木构建筑由于使用了很多易衰颓、易损坏的材料而需要经常性地进行修复，用于防护、修饰木构件的彩绘、油饰及瓦件等需要周期性地重新制作和更换（脏污的彩绘可以用化学试剂进行清洗，使之恢复部分光泽），而它们的重新制作和更换对建筑物的外观都有显著的影响，往往会造成焕然一新的效果。彩绘油饰的部分在重新制作以及清洗、防护中都可以使用“做旧”手法，适当降低色彩的饱和度和亮度，使之与建筑物的“年龄”相称，但是与时间和自然风雨赋予建

---

[1] 梁思成：“古来无数建筑物的重修碑记都以‘焕然一新’这样的形容词来描绘重修的效果，这是有其必然的原因的。首先，在思想要求方面，古建筑从来没有被看做金石书画那样的艺术品，人们并不像尊重殷周铜器上的一片绿锈，或者唐宋书画上的苍黯的斑渍那样去欣赏大自然在一些殿阁楼台上留下的烙印。其次是技术方面的要求，一座建筑物重修起来主要是要坚实屹立，继续承受岁月风雨的考验，结构上的要求是首要的……大自然对于油漆颜色的化学、物理作用是难以在巨大的建筑物上模拟仿制的。因此，重修的结果就必然是焕然一新了……但直至今天，我还是认为把一座古文物建筑修得焕然一新，犹如把一些周鼎汉镜用桐油擦得油光晶亮一样，将严重损害到它的历史、艺术价值。这也是一个形式与内容的问题。”“我认为在重修具有历史、艺术价值的文物建筑中，一般应以‘整旧如旧’为我们的原则。”引自：闲话文物建筑的重修与维护 [J]. 文物，1964（7）.

筑物的沧桑、古朴的真实的历史感还是有区别的，不过这也正好显示了修复部分与原有部分的区别。

主体结构部分的修复结果是不能“如旧”的，因为这样做就失去了修复的意义。也是无法“如旧”的，因为无法把修复过的结构做出不健康、不正常的“旧态”，这也是违背结构的真实性的。能够“如旧”的其实只有结构构件表面的油饰、彩绘。同理，围护的部分，如墙体、格扇等，和建筑物的台基、踏道等的修复结果除了材料表面可以进行做旧处理外，也是无法“如旧”的。总的来说，“修旧如旧”是针对修复的外在表现效果而言的，通过对各种木构件表面的彩绘、油饰以及砖、石、瓦等材料表面的“古旧”感处理，同时控制这些修复内容与原有部分之间的新旧对比程度（在材质、色调、肌理等方面的对比）来维持建筑物的历史感，使建筑物的面貌具有整体性，不会因某一部分的焕然一新而破坏了整个建筑物的和谐的形式和美感，同时也是对建筑形式、外观上的真实性的维护。所以，“修旧如旧”对于修复古代的木构建筑是必不可少的。

“修旧如旧”是物质层面修复内容的控制性原则之一，对于非物质层面的信息则不能修旧如旧，而应该“修旧如新”，尽可能地恢复、再现因保护对象物质部分的破坏、损伤而丢失或残破的信息。

（7）西方古典的石构建筑保存残损的片段，一个构件、或是一个砌块、或是一段装饰物，和保存处于残缺、破败状态的建筑物的保护方法对于中国古代木构建筑是不适用的。

整体的和谐与美是中国古代建筑的基本特点之一，中国古代木构建筑的构成方式从根本上是排斥“残缺之美”的，倾斜下沉的檐口、歪闪残缺的斗栱、滚动移位的檩木等，这些破坏、损伤的现象所造成的木构建筑的面貌、现象无论是在直观的视觉上还是在心理上都是令人难以接受的，更主要的是这些问题无法通过日常维护来解决，日积月累最终会导致更严重的乃至危及建筑物整体安全的破坏（图 5-1、图 5-2）。

图 5-1　构件缺失、破坏的木构建筑
（图片来源：作者自摄）

（8）任何一种修复措施都会或多或少地造成保护对象信息的损伤、破碎乃至丢失，如果损伤、破碎、丢失的只是次要的、价值一般的信息，而通过修复恢复再现的信息则是重要的、价值突出的、在他处难以获得的，这样的修复是值得做的、应该做的。

（9）对于砖、石构的保护对象，如果残缺的状态比修复后的完整状态更具价值和文化意

图 5-2　北京圆明园遗址——处于残损、坏状态的石构建筑
（图片来源：作者自摄）

义，并且残缺的状态是相对安全、稳定的、在较长时间内不会再发生进一步的、更严重的危及其存在的破坏，那么就没有必要进行修复，只施以日常维护即可。

3）修复结果的评价

修复工程结束后还有两项重要的工作内容，一是对修复后的保护对象的状态进行监测，以了解修复对保护对象造成的物质层面和非物质层面的影响，掌握修复后保护对象的保存状态的变化，并检验修复技术的实际应用效果、修复后的安全稳定状态能够持续多长的时间。这部分工作内容可以作为日常维护的一部分同日常性的其他监测工作共同进行。二是对修复结果进行评价。评价修复结果的目的在于总结修复工程取得的经验和成果，为日后的保护工作积累资料并为同类型的其他遗产的修复提供参考。

保护结果的评价应该包括以下几个基本内容：

（1）修复对保护对象信息的影响。一方面是修复恢复、再现了多少信息，这些信息的价值如何，恢复、再现的质量如何。另一方面，修复可能又造成原有信息的丢失，那么丢失的信息价值如何。最终得出修复对保护对象价值影响的综合结论。

（2）修复对保护对象物质组成内容产生的影响。是否解决了修复前保护对象存在的各种问题，解决的质量如何，采用的现代技术、现代工艺、现代材料对保护对象的原有物质组成是否造成损伤，修复后保护对象的整体结构状态、外观面貌如何，修复采用的技术是否可逆，可逆的程度如何，等等。各方面综合得出评价结论（表 5–1）。

修复结果评价表 **表 5–1**

<table>
<tr><td rowspan="3">修复对信息的影响</td><td colspan="3">恢复的信息</td><td colspan="2">丢失的信息</td><td colspan="2">综合评价</td></tr>
<tr><td>内容</td><td>价值</td><td>恢复的质量</td><td>内容</td><td>价值</td><td colspan="2" rowspan="2"></td></tr>
<tr><td></td><td></td><td></td><td></td><td></td></tr>
<tr><td rowspan="3">修复对物质内容的影响</td><td colspan="3">解决的破坏问题</td><td>是否造成新的破坏</td><td>修复后的状态</td><td>技术可逆性</td><td>综合评价</td></tr>
<tr><td>内容</td><td>解决的质量</td><td>运用传统技术／现代技术</td><td rowspan="2"></td><td rowspan="2"></td><td rowspan="2"></td><td rowspan="2"></td></tr>
<tr><td></td><td></td><td></td></tr>
<tr><td>结论</td><td colspan="7"></td></tr>
</table>

资料来源：作者自制。

根据两大方面的综合评价得到最终的评价结论，得大于失，就是成功的、可以肯定的修复，反之，则需要对修复技术、修复方案进行检查、分析，看是否能够提出补救方案，通过物质的或非物质的措施来弥补、减少对保护对象的不利影响。

3. 重建

1）重建的概念与目的

重建是修复的一种特殊情况，是使已经损毁的但存留有基址或残迹的、或破坏到无法修复的建筑遗产恢复原状的技术措施。

对于已经损毁的但存留有基址或残迹的建筑遗产，可采用的保护方式基本上有两种：一是保存现状，二是重建。从国内外广泛的遗产保护实践来看，保存现状是最普遍的保护方式，因为对很多已毁遗产而言，基址或残迹也具有很高的价值，其物质形态是否完好对于价值和文化意义的表达、传递已不是决定性的影响因素。在有的情况下，物质形态的不完整虽然影响了遗产的价值和文化意义，但是由于没有充分的、确凿的信息来支持对其物质形态的恢复，也就只能选择现状保存了。国际遗产保护界对于重建这一保护方式的认可不过二十几年的时间，《雅典宪章》和《威尼斯宪章》都是反对重建的❶，二战后一些毁于战火的欧洲城市进行了大规模的重建活动，这些恢复城市功能、恢复城市物质结构、满足人民生活与情感需求、再造人民生活环境的重建得到了国际普遍的承认和尊重，重建后的华沙作为文化遗产列入世界遗产名录即是最好的说明❷。国际古迹遗址理事会对重建的认可在 1982 年的《佛罗伦萨宪章》❸中体现出来，它一方面将重建作为历史园林的保护方法之一，另一方面明确提出了重建应该具备的条件。国际古迹遗址理事会的《考古遗产保护与管理宪章》(1990 年) 也是认可重建的❹，澳大利亚国际古迹遗址理事会的《巴拉宪章》(1999 年) 认为重建就是使遗产恢复到较早的已知状态❺。

在以木构建筑体系为主流的亚洲，重建更是极为普遍的、由来已久的，虽然过去的重建目的主要是为了延续或再度获得使用功能、满足实际的使用需求，但是实践做法和操作经验延续到今天对于为了保护遗产、传承遗产而进行的重建仍然是非常宝贵的知识财富，其本身就已经成为了有着突出价值和意义的文化遗产。

虽然国内外遗产界在重建的实施必要性、实施方式、完成后的效果评价等多个方面都存在着很多争论，但是作为一种保护技术措施，重建在近些年越来越显示出重要性。由于社会状况的变化、经济的发展、文化需求增长等现实因素的影响，遗产重建因其具备的满足日益增长的文化消费需求的能力和文化象征意义正在成为一股热潮。在这股热潮中不乏为了追求经济利益及政绩而进行的重建。这些具有功利性动机的重建是必须避免的，重建的目的只能是与被重建遗产的价值和文化意义有关。具体来说主要有以下几种重建目的：

(1) 价值及文化意义特别突出、重大的被毁遗产，尤其是那些曾经被作为国家、民族的文化标准和精神象征的被毁遗产，其残迹或基址无法表现、传达其价值和文化意义，为了使人们能够理解、感受它们的价值和意义，有必要进行重建，使被毁遗产重新获得实体感。

(2) 具有为当今所需要的使用功能被毁的动态遗产，如历史街区、历史村镇、历史园林等，一方面具有突出的价值与文化意义，另一方面具有富有生命力的使用功能，为了延续生活、延续文化传统，使人们能够重新使用它们、理解它们、感受它们，也为了它们能够重新进入人们的生活，有必要进行重建。

(3) 为提高以组群状态存在的建筑遗产的物质完整性，重建组群中损毁的次要建筑物，这

---

❶ *The Athens Charter, 1931,* "There predominates in the different countries represented a general tendency to abandon restorations in toto;"

The Venice Charter, 1964, "Article 15—All reconstruction work should however be ruled out a priori. Only anastylosis, that is to say, the reassembling of existing but dismembered parts can be permitted."

❷ 参见第二章第一节。

❸ 《佛罗伦萨宪章》第九条："历史园林的保护首先要鉴定和列入保护名单，对它们采取的处理包括维护、保存和修复。在某些特殊情况下，也可以重建。"

❹ 《考古遗产保护与管理宪章》第七条　展示，信息资料，重建："重建起到两方面的作用：试验性的研究和解释，然而，重建应该非常细心谨慎，以免影响任何幸存的考古证据，并且，为了达到真实可靠，应该考虑所有来源的证据。在可能和适当的情况下，重建不应直接建在考古遗址之上，并应能够辨别出为重建物。"

❺ *The Burra Charter,* "Reconstruction means returning a place to a known earlier state and is distinguished from restoration by the introduction of new material into the fabric."

些次要建筑本身可能价值突出，也可能价值一般，它们是否具有重要性、所携带的信息是否具有突出的价值都不是这类重建的决定因素，决定因素是这个建筑组群是否具有突出的、特别重要的价值和意义，而物质组成的不完整会对该组群的价值和意义的展示造成比较大的不良影响，所以有必要重建被毁的次要组成部分。

概括说来，重建被毁遗产主要有两个目的，一是展示目的，二是展示及重新使用目的。简言之，重建被毁遗产就是为了让人们能够真实地理解、感知、体验遗产的价值和文化意义。所以，重建得到的是“建筑遗产”，而不是新的建筑。同时，这三种重建目的也是可以采取重建这种保护技术措施的三种情况。

2）重建的前提条件

除了目的明确，被毁遗产的重建还必须具备一定的可行条件，最主要的是对被毁遗产的各方面信息的掌握程度。重建必须建立在重建对象有充足、详尽、确凿可信的资料和深入、全面的研究的基础上，而且这些资料应该不仅仅只有档案文献性质的、记录在纸或其他介质上的，还应该有被毁遗产的亲历亲睹者提供的第一手见证资料，关于被毁遗产的形象、使用、空间感受、现场氛围、相关的人和事……前者的信息比后者稳定、客观，保存时间也更长久一些，后者则是珍贵的、鲜活的，给前者那些纯客观的信息注入人的情感。但是能够决定被毁遗产的重建是否可行的只能是前者。

根据掌握信息的多少来决定一个被毁遗产是否能够重建是一种客观的判定方法，这个方法也同时决定了把被毁遗产按照它曾经存在的哪一个时间段的状态作为重建目标的问题。

不是所有重要的、需要重建的被毁遗产都能够重建，具体到建筑遗产的类型，古文化遗址不能重建，没有基址留存的不能重建，因为没有空间位置的真实性的重建是失却根本依据的重建，是没有意义的。从时间方面来说，唐代及以前的木构建筑不能重建，因为缺乏足够的实物信息。如果被毁遗产存留的基址或残迹具有明确的时间特征，那么重建就按照那个时间段的状态来进行。但是如果该时间段的遗产信息、资料我们掌握得不充足，那就不具备重建的条件。如果基址或残迹没有明确的时间特征，可能是多个时间段的状态最终累积而成的结果，那么就需要根据我们所掌握的信息、资料进行具体的分析、研究来确定能否重建。

保留下来的有关被毁遗产各方面信息的真实性如何是决定遗产能否被重建的根本因素，这些信息的真实性直接决定了被毁遗产重建后信息层面的真实性。这些被毁遗产各方面信息的真实性包括以下这些内容：地点，位置；内部结构，构造；外形，色彩；材料；内部和外部的装饰；施工技术与工艺；自身的内部环境，外围相关环境（自然环境和社会环境）；景观（被毁遗产曾经构成的自然景观和人文景观）；相关人物、事件和活动等。资料越多越好，数据越详细越好。这些信息要能够覆盖被毁遗产的方方面面，数量、全面性、深度、细节，缺一不可。而且对这些信息还必须加以比较、检验、核对，筛去其中存在的不正确、不可信的信息。

被毁遗产的信息不仅决定了遗产重建后所携带信息的真实性，也同样决定着重建后遗产的物质真实性。实际上重建后的“遗产”的物质实体只不过是重建实施者所掌握的被毁遗产信息的物化，即重建实施者将其掌握的信息通过具体的工程技术手段物化为建筑实体，这个实体就是重建的遗产。

我们所掌握的被毁遗产的信息不可能是完全的、充分的、一点不缺的，总会有少量信息碎片丢失，这就势必影响到这部分丢失信息所对应的物质内容的重建，处理这种情况要注意两个基本原则，一是要分析确定这些丢失信息的数量，和是否是关键性信息；二是对这些丢失信息所对应的物质重建内容进行的推测必须有科学的、可信的依据，不能是主观臆测和想象。这些依据包括被毁遗产现有的其他信息和现存的同类遗产的同类信息。并且这部分的重建内容应是可识别的、区别于其他的重建内容，还应该具有可逆性，以备日后有更好的解决方案，或是获得更可靠的推测依据时可以进行替换。

3）重建的方式

对于被毁遗产的重建，有几种可供选择的方式，一是原址重建，二是非原址重建。

原址重建自然是最符合真实性原则的重建方式，也是首先应该考虑的方式。采用这种方式需要考虑如何保护原址，即要在保护原址的前提下进行重建，一方面是对原址的保护，采取防护、加固、修整等保护技术措施，另一方面是对重建工程的要求，直接接触原址、与原址有相互作用的重建技术做法与材料不能对原址有不良影响，不能改变原址的物质性状。这些技术做法应该具有可逆性。在确定重建方案时最好能够将原址展示出来，或者只将最典型、最能说明遗产特征的部分展示出来（图 5–3、图 5–4）。

非原址重建使重建后的“遗产”不具有空间位置方面的真实性，同时还丢失了遗产本体与周围相关环境关联的真实性，对于有些类型的遗产，如历史村镇、非城市环境的历史园林等，由于遗产本体与环境的关联是决定其价值的重要内容，地点位置的改变就会产生较大的影响。除空间位置之外其他方面的真实性原址重建和非原址重建没有差别。选择非原址重建的决定性原因是原址的价值，如果原址也同样具有突出的价值，必须展示，或者有很多尚未揭示、研究清楚的问题，还需要进行现场研究，那么就只能采用非原址重建的方式。非原址重建方式应该是在原址附近选择合适用地进行重建，控制重建后的遗产与原址在视线可达的空间距离内，使原址和重建部分能够共同展示，这样的共同展示可以使受众直观地接受原址传达出的信息，同时接收重建后的遗产传达出的信息，还可以进行二者的比较，由此可以获得更为丰富多样的信息，增加对遗产的认识和理解。

非原址重建方式应该说比较适合于动态遗产的重建，动态遗产由于要服务于日常生活、使用频率高，损坏的几率也就大，在重建完成进入使用状态后可能会需要经常性的修缮，从保护原址的角度考虑，非原址的重建便于对原址实施保护。

但是非原址重建产生的一个新问题是重建的选址，重建地点要尽可能地与原址具有相同或相似的环境要素和环境构成特征，尤其是前述的那些类型的遗产，寻找合适的重建地点对其重建后遗产的真实性有着很重要的影响。所以从这个角度来看，非原址重建其实是一种实施难度较大的重建方式，因为重建用地的选择是一个重要的客观限制因素。

对于要满足迫切的使用需求的已损毁遗产，还有一种非原址的“重建”方式，即将基址或残迹经过维护、修整，进行现状保存和展示，在其附近建造一个新的建筑来代替已损毁的原建筑满足人们的使用需要（这是从英国二战后的一些重建实践中得来的启示，比如考文垂市，在重建毁于战火的大教堂时采用的方式是将教堂残留的墙体保存展示，在残迹近旁新建了一座现代主义风格的大教堂。因为该教堂对所在社区的众多居民是不能缺少的，重建十分必要）。重建的实施者采用了这样一种方式，展示遗址，让后人直观地了解战争给这个城市带来的破坏，同时用新的方法、新的建筑技术手段建造新的教堂，这个新的教堂也会和被毁的老教堂一样进入社区居民的现在及将来的生活。这种非原址的“重建”方式当然不属于前文讨论的真正的重建，应该说它既是遗产保护的方法，同时也是具有历史语境的新的建筑创作，它以当下的建造方式与技术满足实际的使用需要，“重建”的新建筑以继承被毁遗产的功能和名字的方式加入到被毁遗产的历史中，和现状展示的遗址一同延续着该遗产的价值和意义。

4）重建的原则

重建要遵循的原则之一是不论采取原址重建的方式还是非原址重建的方式都必须保护好原有的基址或残迹，这是重建的根本性依据。对于基址或残迹的保护同发生破坏的遗产的保护是一样的，首先要去除威胁其安全存在以及会使其进一步破坏的因素，然后用日常维护来维持其安全、稳定的状态。

图 5-3　重建——北京永定门（永定门是北京古城中轴线的南端起点，1957 年被全部拆除。作为北京"人文奥运文物保护计划"的一部分，2004 年3月开始在原址重建，同年10月完工。北京城市又有了完整的中轴线）（图为 1951 年的永定门）
（图片来源：Google）

重建必须使用与原遗产相同的建造技术、工艺和材料。这是保证重建后的"遗产"的真实性的前提条件。留存至今的很多建筑遗产在其存在历史中都经历过重建、大修，有的还几经损毁和重建，在今天我们并没有因它们曾经重建而把它们排斥在遗产的范围之外。它们在重建后经历的足够的时间是使它们能够成为遗产的原因之一，还有一个潜在的原因是它们的重建采用的是相同的结构体系和材料，虽然具体到结构处理手法、构件加工做法、装饰风格等方面必然会有时间的差异，但总是在木构体系的框架之内，营造的观念、方法与技术都是一脉相承、前后递进的，不像我们今天的现代建筑相对于古代建筑在设计观念和方法、技术、材料上都是突变性的，所以必须使用与原遗产相同的技术、工艺和材料。传统建筑技术、工艺和材料的使用并不排斥新的因素，比如用新的技术与传统技术相结合解决传统技术、材料难以克服的问题，弥补传统材料的缺陷，同时改进传统工艺、施工工具等，使传统的营造技术既延续又发展。

图 5-4　重建——西安明代城墙永宁门闸楼（西安城的南门永宁门原仅存内城正楼与瓮城，1993 年重建了月城、闸楼和吊桥，这样永宁门就成为西安城墙东、西、南、北四座城门中唯一一座有月城和闸楼的城门。重建的永宁门闸楼成为西安市举行重大庆典和公共活动的主要场所）
（图片来源：作者自摄）

5）重建的结果

重建结果也需要评价，评价的重点在于重建多大程度上实现了被毁遗产的物质真实性，并且在多大程度上具有被毁遗产曾经具有的价值和文化意义，还能否承担起被毁遗产曾经承担的功能。如果在这三个主要方面都能获得很高的评价，就可以认为重建物在某种程度上是能够等同于被毁遗产的，它自身也具有了可以长久存在的价值，那么就要把它同被毁遗产的基址或残迹一起共同保护、传承下去，在将来重建物很有可能成为真正的遗产。如果重建物在这三个方面都完成得不好，那么它就不能被视作等同于被毁遗产，因为我们重建遗产主要就是为了实现这三个目的。所以重建被毁遗产的决定一定要经过十分慎重、严密的考虑，从明确重建的目的、检验所具备的可行条件，到确定重建的方式和重建的具体技术方案，直至控制最终的结果，每一个环节、步骤都必须是科学的、严密的，这样才能避免得到一个偏离目标的重建结果。

4. 迁建

迁建是将建筑遗产进行易地保护的技术措施，即将迁建对象拆分成基本构件与组成部分，然后移至他处组装、拼合，恢复为整体原貌。迁建可以视为一种极为特殊的重建。迁建同时还提供了彻底检查迁建对象的保存现状、去除安全隐患、进行全面维护的理想机会，这样可以使迁建后的遗产通过迁建兼修复、维护的过程进入到良好的保护状态。

就保护措施对遗产的干预程度而言，迁建无疑是最大的，它对遗产的每一个物质组成部分都作了干预。所以迁建应该是别无他法的选择。

需要进行迁建的情况主要有：①因不可抗拒的自然原因，如自然环境的剧变，或是自然灾害的频繁发生，使得遗产无法再实行原址保护；②受到特别重大的建设工程的影响，如因修建水库而处于淹没区等，无法实行原址保护；③一些独立存在的单体建筑遗产，原来所属的建筑组群的其他组成部分已经损毁，又受其他多方面原因影响，在原址难以保护的，可以将其迁建至合适的其他建筑组群内，或者另择新址进行迁建（图 5-5）。

图 5-5　迁建——山西芮城元代永乐宫（我国现存最早的道教宫观，并保留有极为珍贵的元代壁画。原址在黄河边的永济县永乐镇，1959 年因三门峡水库的修建被搬迁至今址，壁画揭取后在迁建后的建筑中复原。整个迁建工程历时三年。左图：永乐宫正殿三清殿；右图：切割壁画）

（图片来源：左图：作者自摄；右图：翻拍自永乐宫内“迁移工程展览”展出图片）

迁建还必须具备一定的技术条件，那就是被迁建的遗产在结构和构造上具有可拆分、可组装的特点。在制订迁建的实施方案时必须考虑到构件变形对重新组装产生的影响，主要是木构件，由于木材具有弹性，一直处在使用中的受力状态下的木构件被拆卸后会发生变形，导致榫卯无法咬合在一起。对于构件变形问题应该在拆卸工作开始之前就采取预防的措施。实在无法组装的构件，只能用复制品代替，同时要将替换下来的原构件添加到遗产展示的内容中，以弥补替换原构件造成的真实性损失。

迁建地点的选择是遗产迁建的一个关键性内容，必须寻找与遗产原址的自然环境与社会环境都非常近似的地点，以减少因始建空间位置的改变给遗产价值造成的损害。

5. 环境修整

环境修整是对与遗产相关的自然环境与社会文化环境进行整理、维护的综合性保护技术干预措施。既有对现状环境的保存，对现状环境质量的改善和提升，又有对已经消失的环境构成内容的恢复，还有对已经形成的环境特征的呈现、发扬、优化和发展。

根据其侧重解决的环境问题的不同，环境修整可以分为两类基本的内容，一是消除遗产相关环境中各种危及遗产安全和健康存在的自然及人为的破坏因素，包括防治环境污染（工业污染、汽车尾气、生活垃圾、烟尘、噪声……），清理会影响遗产的工业设施及生产性建筑、交通设施，建立防御自然灾害及自然环境恶化（沙化、泥石流、山体碎裂、滑坡、大风、暴雨雪……）和防治生物侵害（植物、微生物、动物）的防护体系，还包括日常的环境监测，并建立环境质量和灾害的监测体系；二是修整景观，对构成遗产环境特征的各种要素进行保护，对与遗产环境特征不协调的要素进行整顿、修理，以提升环境景观质量。

环境修整对于遗产保护不是可有可无的或是锦上添花的，而是基本的保护方式之一。环境直接影响着遗产的保存状态和保护质量，环境不仅是遗产的物质组成部分，也在很大程度上决定着遗产的非物质组成内容。人的日常生活和行为促使其所在环境的构成内容和特征的形成，反过来环境的构成内容和特征又导致日常生活和行为习惯的形成。环境的构成内容和特征同环境中容纳的生活和各种活动相互作用、相互影响，构成息息相关的整体，从这个意义上，环境也参与到了遗产的非物质组成内容当中，成为其中的一部分。所以，环境是遗产不可分割的有机组成部分，不论是在遗产的物质层面，还是非物质层面。这就是遗产与环境的和谐共生，相互依存（图 5–6）。

环境修整的第一类内容相对而言是客观性的、技术性的，较多地用于解决自然环境的问题，但是其技术选择与使用也包含着保护实施者对环境的价值和文化意义的理解，对现有的自然与社会环境的尊重。任何一种技术的使用都有着双重的效果，它一方面解决了我们眼前的环境问题，而另一方面又可能导致新的潜在的不良影响因素的产生，这些不良影响可能会潜藏很长时间才表现出来（所以对遗产环境进行监测是非常重要的保护工作内容）。因此，我们在进行环境整治技术的选择时必须有长远的、全面的考虑，要符合可持续发展的原则，要符合生态法则，同时要不断探索、研究新的、更有效的、副作用更小的技术。

在我国目前的遗产保护实践中，环境景观的修整主要集中在对环境中与遗产不协调的建筑物、构筑物及设施（如各种线路、广告牌等）的拆除、清理，对环境进行清洁、美化，加强绿化，设置必要的公共服务设施等内容上，而忽视了如何通过环境修整突出环境的特征，更鲜明地体现环境所具有的价值，传达环境的文化意义。这不仅是忽视了环境的特征，还常常因整治、美化削弱或遮盖甚至是彻底破坏了遗产环境的特征。遗产同它本来富有生机活力的环境经过所谓的整治、美化，丢失了经历时间与遗产共同积累形成的构成内容与结构特征，丢失了历史与文

图 5–6　建筑与自然和谐共存的环境景观——（左图）山地上的藏族聚落；（右图）皖南地区的滨水村落

（图片来源：作者自摄）

化传统的延续性，成了缺乏地域特征、文化特色与历史美感的普通的、随处可见的、千篇一律的“新”环境，而这新环境是与遗产没有和谐、共存的内在关联的，影响甚至破坏了遗产在环境方面的真实性，从而导致遗产价值的降低。

对环境特征的强化和提升经常被忽视，一方面是因为没有真正理解遗产环境是遗产的组成部分，而是孤立地、片面地将环境视作为遗产提供背景的外部元素，错误地、简单化地将遗产与环境理解为“图”“底”关系。

另一方面是因为没有深入、透彻地研究、分析遗产环境的特征及组成要素，缺少了这个基础，突出环境原有特征的景观修整工作就缺少了操作的基础。保护工作者要努力探索、寻找并提炼这个特征，因为使用它们的、生活于其中的人们往往会发现不到、体会不到这个环境的特殊之处，那些有价值、有意义的东西对他们来说有些熟视无睹，尽管他们自己就是这些特征的创造者之一，并且也是这些特征中的一部分。

环境的特征由多方面的要素构成，进入人们的视线、作用于人们的感觉的是各种自然和历史、文化要素的综合体，要掌握这一环境整体的特征——景观，需要从这几个方面入手进行观察和分析：

一是构成遗产所在地的地区性特点的自然要素以及它们与存在于其中的遗产的关系（平原、丘陵、盆地、山地……遗产以何种状态和方式建造于其中——散布、集中、孤立，是顺应自然条件和特征的、因地制宜的方式，还是忽视自然条件和特征的、自我独立的方式）；

二是在该地区内人们长期以来的生活、生产方式和土地的使用方式所形成的该地区的文化及传统特点（不同的聚居类型——城市、镇子、乡村；农业型的、商业型的、交通枢纽型的、制造业型的……以及相应的文化）；

三是自然与人类活动共同形成的景观的类型（制造业及商业型的城镇景观，农业型的乡村景观；山地建筑群，园林胜迹，滨水建筑物群，山间水畔旷野中的独立建筑物……）；

四是遗产环境的气氛、情趣、空间感、场所精神等无形要素和日常生活、生产经营、节日活动、集会贸易等有形的社会文化要素。

这些自然的和社会文化的要素在时间的作用下形成一个自我完善、具有特色且能够自我演进的整体，为生活于其中的人创造适宜、美好、亲切的空间场所，为存在于其中的建筑遗产提供积极有力的环境支持（表 5–2）。

构成建筑遗产环境的要素 **表 5–2**

要素类型	内容
自然要素	山、土地、河流、湖泊、池塘、山冈、丘陵、平地、盆地、树林、灌木丛、天空、气候……
人工要素	道路、建筑、铁路、堤坝、护坡、农田、水渠、码头、桥梁、停车场……
空间要素	建筑物、院落、街道、铺装、广场、空地、行道树、座椅、休息凳、花坛、棚架、照明灯、植物、古树、塔、亭子、牌坊、照壁、井、雕塑……
社会文化要素	日常生活、节庆活动、风俗习惯、传统文艺……
生产要素	传统产业、生产形式、传统技艺、传统商业……
感觉要素	光线、阴影、质地、肌理、色彩、声音、气味、风、小气候……
其他	……

资料来源：作者自制。

现今的遗产保护工作开始越来越重视遗产环境的保护，这无疑是可喜的进步。但是保护的思路、方法与以前相比并无实质性改善，具体内容仍然还是现状清理、拆除影响景观的建筑物和构筑物及设施、美化绿化这些基础性的环境修整工作，没有更深层次地从遗产环境与人的整体有机关联入手去进行环境修整的设计和实施，这样的环境修整做得再认真、再仔细也只是起了一个舞台布景的作用。从遗产保护的长远发展来看这并不是我们真实需要的环境保护。

除了忽视遗产、环境与人的生活的关联之外，另一个普遍的问题是局限性，即环境保护的视野过于狭窄。为保护文物保护单位而划分规定的保护范围、建设控制地带，一方面有利于遗产本体的保护，另一方面也限制了环境保护的实施范围。要从根本上实现对遗产环境的保护必须从地理景观系统这个层次入手，应用地理和生态学理论研究遗产所在地区的自然系统和土地的自然状况，以理解和掌握遗产所在地区的自然形态和特征，把自然资源的保护、土地的利用与发展规划同遗产环境的修整相结合。对于历史城市和村镇的环境保护就更需要从这个层次宏观地、整体地实施。古代的城市、村镇都是经过周密、仔细的环境选择的，它们的存在环境大都是自然条件优越、自然资源丰富多样、适宜人类活动的区域，自然环境与城市、村镇共同生长。但是到了今天，原初的自然环境的优越品质和自然与城市、村镇历经时间生成的宜人景观普遍都衰退了、弱化了，有的已经成为遗迹，河流改道或干涸、森林消失、植被退化，恢复这些历史城市、历史村镇原有的环境品质和景观特征才是遗产环境修整的根本目标，同时也是保护环境、保持人类生活质量的理想方法，体现的正是我们今天所强调的生态、适度与可持续发展的精神（表5–3）。

建筑遗产保护技术 **表 5–3**

保护技术	适用于什么状况的遗产	保护技术包含的措施内容	对建筑遗产的干预程度	保护目标
保存	各种类型的建筑遗产	日常维护，加固（加固、稳定、支撑、防护、补强）	基本保持现状，干预程度最低	使遗产尽可能长时间地保持在健康的、良好的状态
修复	发生破坏的建筑遗产	维修、修补、更换、添补、重新制作、清理	干预程度较高	使发生破坏的遗产恢复原状
重建	已经损毁的但存留有基址或残迹的、或破坏到无法修复的建筑遗产	采用传统与现代建造技术进行新建，保存基址或残迹	干预程度很高	使损毁的、发生破坏的遗产恢复原状
迁建	无法实行原址保护的建筑遗产	拆分、组装、拼合、修复、日常维护	干预程度最高	易地保护遗产，使之安全存在
环境修整	各种类型的建筑遗产	消除遗产相关环境中各种危及遗产安全和健康存在的自然及人为因素，修整景观	不作用于遗产本体，而是与遗产相关的自然环境与社会文化环境	改善和提升现状环境质量，恢复已经消失的环境构成内容，呈现、发扬、优化和发展已经形成的环境特征

资料来源：作者自制。

四、展示

展示是说明遗产的内容、价值和文化意义的手段。

展示是保护的一项基本且重要的内容，它不属于利用。

遗产必须展示出来才能够被认知、被了解、被体验、被欣赏，然后被热爱。在遗产的价值内容中，信息价值、情感与象征价值是尤其需要借助展示来表达的，在一定程度上可以说展示是说明遗产信息价值和情感与象征价值的唯一手段。如果缺少了展示这一保护内容，或者展示工作做得不充分、不到位，那么，遗产价值就很有可能只存在于文字和语言的描述中了。对于遗产意义的传达和表现也是如此。所以，展示是至关重要的。

如果遗产只是经过保护干预后以良好的状态独自存在着而不展示出来，那遗产与我们的生活又有什么关系呢，如何去实现人对遗产的理解，如何去建立人与遗产之间的关联呢？如果是这样，那保护遗产又有什么意义呢？从另一方面来说，在现代社会，认识遗产、享受由遗产带来的知识和快乐是人所拥有的一项基本权利。正如国际古迹遗址理事会为纪念《世界人权宣言》发表 50 周年而提出的《斯德哥尔摩宣言》中所说的，"人们有权更好地认识自己和他人的遗产"。这种权利是整个人权不可分割的组成部分。而正是遗产的展示，使人能够享有这项基本的权利。所以展示是非常重要的，它既是保护工作的内容之一，又是保护工作要达成的目标之一，那就是通过保护，通过施加程度不同的工程技术干预，使遗产本体和遗产的相关环境以尽可能安全的、健康的状态和美好的形象展示出来。不仅要展示给我们，还要尽可能长久地展示给我们的子孙后代，使他们也能够认知、了解、体验、欣赏、然后热爱这些遗产。

而且，展示不仅说明了遗产的内容、价值和文化意义，也说明了保护的观念、方法和实践的技术措施，这也是我们要留存下来，要传递给子孙后代的东西。

1．展示的内容

遗产展示的内容包括物质的和非物质的两个层面。

遗产展示不仅展示的是遗产本身，也展示了人们的使用在遗产上留下的痕迹，还有大自然留下的印记。

物质层面的展示内容是指构成遗产本体和遗产相关环境的各种物质要素。具体地说，对于一个历史城市或历史街区，物质的展示内容是组成该历史城市或历史街区的各种类型的建筑物和建筑物群、构筑物、道路、地形、水体、植物和附属于以上主要要素的其他相关要素；对于一个建筑物，物质的展示内容是组成该建筑物的内部要素（各种单体建筑物、地面、园林要素、小品性质的要素、各种可移动文物、地形、植物）和相关联的外部要素（地形地势、山体、水体、植物、道路、建筑物和建筑物群，及其他要素）；对于一个古遗址，物质的展示内容是各种基址、痕迹，所包含的可移动文物和相关联的外部要素（地形地势、山体、水体、植物、道路、建筑物和建筑物群，及其他要素）。

物质层面的展示内容除此之外还包括文献性质的内容：一是记载着有关该遗址信息的各类史籍、志书、谱牒、碑铭、文学作品（如诗词、笔记、传记、游记、杂文、楹联……）等文字形式的文献、档案；二是图像形式的文献、档案，如上述文字形式的文献、档案中附带的插图，绘画作品，壁画，依附于建筑物的各种图像（彩绘和雕刻图案、纹样），器物上的图像，照片、影视片等。

非物质层面的展示内容同样丰富：一是发生在遗产和遗产相关联的环境中的各种行为、活动，包括日常生活、劳动、社会交往、商业活动、休息娱乐、节庆演出、宗教仪式等；二是由构成遗产的各方面要素和发生在遗产及其相关联环境中的各种行为、活动共同形成的场所气氛和感觉，空间特质及景观。

物质层面的展示内容与非物质层面的展示内容是不可分割的、共生的、相互作用的。物质内容是非物质内容的存在基础，遗产及其相关环境是各种行为、活动发生和进行的空间，并决定着这些行为、活动的性质、进行方式、规模等。而同时这些行为、活动又影响着物质内容的存在形式及使用方式。非物质内容是物质内容的内核，对于历史城市、历史街区等一些动态性质的建筑遗产来说，如果不承载人的行为和活动，遗产及其相关环境就只是没有“灵魂”的物质外壳。

除上述内容之外还有由遗产衍生出来的展示内容，如遗产的研究成果，实施保护工程的档案、记录；还有与遗产有着某种时空关联的其他知识和信息，如与该遗产同属一种类型的其他遗产的信息，与该遗产处于同一文化地域的其他遗产，与该遗产处于同一文化地域的、并由某种原因（历史事件、历史人物等）而产生密切关联的其他遗产，等等。它们共同构成一个时间链条（同一个历史时期）上的遗产群，或一个空间链条（同一个文化地域）上的遗产群，或是一个历史链条（同一个事件、人物或现象）上的遗产群……就实例来说，比如西安唐大慈恩寺塔的相关展示内容就可以包括西安地区现存的其他唐代的砖石塔的信息，如城区的大荐福寺塔、城外长安区的香积寺善导与净业禅师塔、兴教寺塔、圣寿寺塔、华严寺杜顺塔与妙觉塔等，其他的展示脉络还可以是西安地区的其他现存佛寺或佛寺遗址的信息，如青龙寺遗址（唐）、大兴善寺（清）、户县的草堂寺（明）等；再比如丝绸之路上的各处遗产，都可以将丝绸之路连接起的这个壮观的遗产带作为相关的展示内容。这些对有关遗产的其他相关信息的展示不仅丰富了展示的内容，更拓展了展示内容的广度和深度，有助于形成以具体的遗产为中心的、以时空及历史关联为纽带的饱满的遗产知识与信息体系。

对于物质层面的展示内容除了需要进行工程技术干预之外，有时还需要进行内容上的取舍，因为对于物质展示内容的数量比较丰富的遗产而言，把可以展示的所有物质内容都展示出来并不一定是最合理的、效果最好的展示，要经过分析、比较，选择其中能够更为准确、清晰、直接地说明遗产的内容、价值和文化意义的展示内容。

2. 展示的条件

能够展示的遗产应该具备一些基本的条件：

一是要具有一定的信息量，这里所说的信息包括遗产自身所携带的信息和可以获得的与遗产相关的外部信息，这些信息的数量必须足以说明遗产的内容、价值和文化意义。

二是遗产的物质组成和物质结构要具有一定的完整性，如果缺失了太多的物质组成部分而且缺失的是遗产的主要部分或核心部分，那么就会很难使受众获得关于遗产的基本认知和了解。信息的缺失和物质组成的缺损二者之间是有一定的关联的，物质组成的缺损肯定会造成信息的缺失，但是信息的缺失有多方面的原因，物质组成的缺损只是其中之一。而物质组成完整也并不意味着信息的充足，在实际中我们经常能够见到只保存着完好无缺的物质组成、其他什么内容都没有了的无“生命”的建筑遗产。以上这两个条件缺少一个，就是不适合展示的，就需要通过技术的干预手段加以恢复。

三是要具备适宜的客观条件，例如水下遗址、地下遗址、规模非常庞大的地上遗址、墓葬、洞窟等这些类型的遗产，因为受限于外部特殊的环境条件或是自身的特点，展示难度是很大的，或者是无法确定展示的基本原则和具体方式，或者是原则、方式确定了但是缺乏相应的展示手段、展示技术的支持，难以落实。既要保证遗产的安全存在，又要保证受众的人身安全，保证展示的质量。遇到这种情况，即使遗产价值再高、意义再大也不要勉强地、硬性地进行展示，必须在展示观念和原则、展示手段和技术、管理条件和水平等各方面都做好充分准备后才能够实施展示。

3. 展示的基本方式

展示的基本方式是原物原址展示。要将遗产本体和遗产相关环境的物质层面的和非物质层面的内容都展示出来。只有原物原址展示才能使遗产以最真实、最完整、最准确的方式被认知、被理解。同时，这种展示方式也是由真实性原则决定的方式。

FIVE

对于物质层面的内容，只展示遗产本体，不把与遗产相关联的外部物质要素纳入展示内容是不符合真实性原则的；只展示遗产不可移动的物质内容而将遗产包含的可移动内容移至他处收藏或展示，对遗产的真实性和遗产展示的真实性都造成了损害；只注重遗产实体部分的展示，忽略遗产文献部分的展示同样会对展示的真实性造成贬损。

忽略和轻视非物质层面的展示内容是遗产展示的真实性受到破坏的重要原因之一。在历史城市、历史街区、传统民居、传统商业店铺等动态遗产的展示中这种状况尤为严重，这些动态遗产往往在经过了工程技术干预之后被抽掉了非物质层面的内容，日常的生活、劳作、社会交往、各种仪式活动……都消失了，有趣味的、有吸引力的、有特色的场所和空间都不复存在了，剩下的只是物质化的展品，没有生气、没有变化、没有和人们的交流。

4. 展示的手段

展示的手段是指帮助说明遗产、提供遗产信息的具体措施和手段，主要包括有标志、说明（文字和图示）、讲解、实物模型、虚拟影像、影视片、出版物等。这些技术手段之中还包含着平面设计、绘画、雕塑、环境设计等各种艺术手段，它们的综合使用是为了传达仅仅凭借遗产本身无法或不易传达的信息，全面提供有关遗产的知识，激发受众对遗产的探索兴趣和求知欲望。

（1）说明和讲解——说明（包括文字和图示）和讲解可以说是最为传统的、最基本的展示手段，是主要通过文字和语言对遗产的物质展示内容和非物质展示内容进行的说明、解释，直接向受众提供遗产的各方面信息、阐释遗产的价值和文化意义。要能够科学、全面、准确地传达信息和阐释价值与意义，说明和讲解必须以遗产研究的成果和与遗产相关的社会、经济、技术、历史、文化等信息作为依据和基础，并且不能只是简单地罗列或堆加这些知识和信息，需要进行知识和信息的概括、提炼、加工，最终形成说明和讲解的文本，既要保持专业水准和科学性，又要深入浅出，能够被知识背景及教育程度不同的受众普遍接受和理解。

（2）出版物——包括传统的纸质出版物、电子出版物等形式。前文已论及，遗产研究的成果应该通过出版的方式保存、发布和传播。这些出版物同时也能够为展示服务，同样也包括实施保护工程的档案、记录，作为遗产物质展示内容之一的文献和资料。从展示手段这个方面来考虑，出版物应是多样的、多层次的，既有针对一般受众的、提供遗产各方面基本信息的出版物，又有满足希望获得更全面、更深入信息的受众需要的出版物，又有满足专业受众的知识需求的出版物，还应该有作为纪念和收藏之用的出版物，其具体形式有书籍、图集、画册、拓片、文献档案的影印复制品、CD、DVD、明信片、纪念册、邮票等。

（3）实物模型、虚拟影像——这是非常直观、形象的展示手段，适宜于传达整体的、全面的遗产信息。在展示不完整的遗产时，其优势更为显著。对于物质形式不完整的遗产，可以通过制作一定比例的实物复原、想象模型或利用计算机虚拟成像技术制作数字模型来再现、还原完整的遗产。

随着计算机技术的快速发展，虚拟成像在遗产展示方面越来越显现出无可匹敌的优势。对于本体物质组成内容缺损的遗产（如构成缺损的单体建筑物，不完整的建筑组群）、失去了相关联的环境的遗产，和规模巨大的、超出受众个体的感知范围的遗产，都可以利用虚拟成像技术为受众展示出完整的、宏观的遗产全景。同时，对于一般的展示方式难以精确地传达、体现的，以及在常规的状态下不会被看到、注意到的遗产的细节性内容，虚拟成像技术可以提供局部的、微观的、撷取精华式的展示。虚拟技术还可以解决其他的展示难题，例如对于一些展示难度大或者不具备展示条件的遗产，如地下遗址、水下遗址、墓葬、石窟等，可以使用虚拟技术将遗产“展示”给受众，使之能够“亲”临其境般地认识遗产、了解遗产。

虚拟成像技术这种展示手段不仅是直观的、形象的，而且是生动的、可体验的，因而是富有吸引力的。利用计算机技术还可以增加与受众互动的和受众参与的方式，并更新传统的说明和讲解手段，使传达遗产知识和信息的手段更为丰富、更为生动。

展示手段的应用需要有相应的展示设施，主要包括标志、说明牌、讲解设备、计算机设备、多媒体设备等，还包括为创造良好展示条件而添建的建筑物、构筑物及设施。这些展示设施的设置，绝不能损伤、影响遗产本体的物质结构。

5. 展示的类型

展示根据受众的不同分为两个基本的类型，一是专业性的展示，一是一般性的展示。专业性展示是面向专业研究者的展示，他们因各自不同领域的研究工作需要获得关于遗产的更深入、更全面、更广泛的知识和信息。同时，他们的研究工作又会进一步地发现和揭示遗产的内涵、价值和意义。一般性展示是向普通公众的展示，其目的在于尽可能广泛地让公众了解并理解遗产内容、价值和意义。相对于专业性的展示，它属于科普性质。

受众的不同产生了对展示内容的不同需求，遗产展示无疑要全方位地向受众展示遗产，辅助以专业内容的讲解和说明、虚拟技术，并提供详尽的遗产现状资料和已取得的遗产相关研究成果。一般性展示需要向受众展示遗产最主要的部分，提供能够使受众最明了、最直接地认知、理解遗产的基本信息。

展示类型的区分要落实到具体的管理措施上，通过展示内容与手段的组织和规划设计体现出来，比如允许有专业研究需求的受众参观、接近不向普通受众展示的部分，允许使用测绘、摄影（像）等获取信息的专业性手段，向研究性受众提供专业的展示服务和展示设施。

按照受众的不同需求区分展示类型，提供不同的展示内容和相应的展示服务是很有必要的，而我国目前的展示大都忽略了这个问题。从受众一方来说，大多数的普通受众并不需要非常全面、深入地获取遗产信息，有时展示的内容数量过多、信息量过大反而不利于受众对遗产信息的接收，经常有受众看不完展示的内容，或是勉强看完了也因为视觉的疲劳、注意力的下降影响了对信息的理解。而对于有专业需求的受众来说，展示的内容可能远远达不到他所需要的信息数量和质量，没有看到他想看的东西，或是虽然看到了但是看得不充分、不到位；从遗产管理者一方来说，区分不同受众组织和设计展示内容也有利于展示质量的保证，可以有的放矢地组织和设计展示内容、展示手段，保证展示质量。将遗产中一些因保存条件要求高、或是专业性太强、或是尚未调查清楚的不便于或没必要向普通受众开放的内容只提供给专业受众，这种有区别的展示客观上来说也降低了管理的难度、减少了管理的工作量。

区别不同受众的展示不是只给专业性的受众展示全面的遗产而给普通受众提供浮光掠影式的展示，也绝不是只重视专业受众而轻视普通受众，它们的区别在于展示内容的深度和广度上，以及展示手段的专业性强弱上，内容都是全面的。更为理想的状况是再进一步区别受众的具体需要具有针对性地组织展示内容和设计展示手段，比如在针对普通受众的展示中注意设计、安排与公民教育体系中的遗产教育内容相配合的展示内容。在专业的展示中也可以再区别不同的专业需求，如历史方面的、建筑方面的、艺术史方面的、社会学方面的等，提供各有侧重的展示内容和相关的信息资料。当然，要实现这样的区别性展示必须有受众身份和资格区分、查证的完善管理规范作保证。

五、利用

FIVE

1. 利用的含义

利用也是帮助人们了解遗产价值和文化意义的活动。遗产除了专供科学研究的和有特殊保护要求的之外，都可以被利用。对遗产的利用是为了使遗产发挥现实价值，赋予新的功能，为人所用，为人服务。即遗产利用是一种以遗产为资源的服务活动。它一方面是对遗产所具有的使用功能的恢复、延续和发挥，另一方面是赋予遗产新的使用功能。具体地说，对于已经失去原有使用功能的建筑遗产，利用就是对其功能的恢复（在有必要、有可能的前提下）；对于仍然继续原有使用功能的，利用就是延续其功能并使之更好地发挥；对于已经失去原有使用功能且无法恢复的，利用就是赋予其新功能，另外对于延续着原有功能的遗产也可以使之承担新的功能。

遗产的使用功能是遗产的基本属性之一。留存至今的建筑遗产所具有的使用功能主要有以下三种情况：一是遗产原有的使用功能因为历史条件的改变、与之相关联的社会生活内容的消失而消失，在物质层面上，该遗产与今天的社会生活已经很难再建立某种关联，对于今天的人们它已经基本失去了实用的意义，不再具有使用价值了。例如陵墓类建筑遗产，宫殿类建筑遗产，某些祭祀性质的建筑遗产，如天坛、地坛、太庙、太社、岳庙、渎庙等。二是遗产原有的使用功能延续到了今天，遗产仍然具有使用价值。例如在宗教建筑中，有不少佛寺仍然有僧人驻寺修行、仍在举办各种佛事活动，一直维持着它作为佛寺的原有地位和作用，有的还能够不断提升其使用价值。在清真寺建筑中使用功能延续的情况更为普遍，由于伊斯兰教礼拜仪式的特点使得现存的大多数清真寺建筑都能很好地继续使用。再例如民居、商业店铺还有近现代的办公、学校、医院、旅馆、饭店及生产建筑等经常能够延续原有使用功能。三是遗产在历史演变的过程中，原初的使用功能由于种种原因衰退或是丢失，被其他的使用功能代替。而且这种代替也已经经历了一定的时间。这种情况在今天的遗产现状描述中常被称作“占用”。

在第一种情况中，原有使用功能的丢失对遗产的影响不只是使用价值的失去，还会导致遗产的物质内容和非物质内容的破坏和损失，因为使用的终止会使遗产相应的物质组成内容退化、衰败，如果没有采取措施加以阻止，最终的结果就是遗产局部或全部的毁坏。同时，使用终止了，不再有人们的活动，所以也必然伴随着遗产的非物质内容的消失。使用功能的丢失就已经影响了遗产的完整性和真实性，再加上由此导致的遗产物质内容与非物质内容的损失和破坏，会严重影响遗产的价值。自然界的“用进废退”法则在这里同样起作用。在这样的状况下，利用就是使其承担新的功能，因为原有功能已经失去意义，没有必要恢复。通过新的利用，保护和维持遗产的物质内容，赋予遗产新的非物质内容。这种新的功能应该与该遗产的价值、所具有的文化意义相当、相适应，并与遗产的物质组成、物质结构相容、相匹配。在第二种情况中，如果原有功能的延续不影响遗产的保护、不影响遗产的展示，那么利用主要是延续和保持，另外还可以在不影响原有使用功能发挥的前提下再增加新的功能。第三种情况从历史的角度来看，其实也是一定历史时期中人们对建筑物的“新”的利用，如同我们今天使建筑遗产承担新的功能内容一样，都是为了使建筑物继续发挥作用、继续保持使用价值，简单地说就是不要闲置、不要浪费，只是我们今天的利用多了一个“保护”的目的在里面。但是由于历史上没有“保护”的观念，在重新利用建筑的过程中往往会发生一些以我们今天的标准判断是不正确的、不符合保护要求的做法，主要的就是为了满足后来的使用要求改变建筑原初的物质组成、物质结构，具体说就是改建、扩建、增建、拆除，使得建筑物的组成和布局、结构、平面布置、外观、细部等发生改变，这在前文中已经涉及，不再赘述，这里要分析、讨论的是使用功能的问题。我国古代的木结构体系和以院落为单元的空间组织方式对于大多数的使用要求都是能够满足的，也就是说古代的木结构体系物质空间构成在使用功能方面具有普适性。所以在古代社会共同的社会文化背景中功能的前后替换一般不会出现不适用的问题，原功能、新功能同建筑的物质组成和物质结构的相容性是比较好的。我们今天从功能的真实性的角度出发，关注的是前后功能的内在关联问题，如果后来替换的使用功能与建筑原初的使用功能之间具有一定的继承性、关联性，比如原来的住宅用作旅馆、原来的书院用作学校等，由于后来替换的使用功能在一定程度上继承了原初的使用功能，我们可以把这视作是使用功能的延续，并且这也使建筑的文化意义可以延续。而且有的替换的使用功能由于已经存在了相当长的时间，在使用的过程中又给遗产添加了新的物质及非物质方面的内容，并且可能已经与遗产原有的内容融合成为一体了。假设可以不考虑物质内容上的改变对遗产真实性的影响，单就使用功能方面来说如果也能够满足保护的各项内容的要求、特别是展示的要求，那么这样的功能替换是可以接受的、可以继续下去的，也就是说继续"占用"是可以的。当然，这种继续的使用必须满足保护的要求、遵守各项保护管理的规定。如果后来替换的使用功能与遗产的物质组成、物质结构的相容性不好，相互之间有比较大的矛盾，在文化意义方面也存在较大的差异，影响到保护，那么就有必要去除后来替换的功能。

2. 利用的原则

遗产利用在性质上属于一种文化消费活动，既然是消费活动，就不可避免地涉及经济问题。在西方一些遗产保护事业发展水平较高的国家，如英国、法国、意大利等，对于遗产具有经济性质这个无法回避的现实问题大约在 20 世纪 90 年代展开了理论研究工作，并同时在遗产管理的实践中去尝试解决遗产的经济问题。"经营"、"市场"的概念开始进入到遗产领域。本来，作为一项重要的文化事业遗产一直都是由政府行政机构负责管理的，而经营、市场概念的进入使遗产的行政管理中又增加了经营管理的新内容。对于遗产的经营管理，上述的西方国家都根据各自的遗产状况和遗产保护的管理体制进行了内容不同、形式不同的改革和试验，其目的均在于探索、寻找既有利于遗产保护，又能有效地服务于社会、满足公众的文化消费需求、保证公众享有遗产权利，并且能够发挥遗产创造经济效益的潜力的遗产经营模式。

不论如何利用遗产、经营遗产，有一些基本原则是必须遵循的。

1）以保护为前提，有利保护，促进保护

遗产利用必须以遗产保护为前提条件，因为利用本身就是保护的一项工作内容，利用是为了更好地保护。通过利用使遗产与人建立互相需要的、不可分割的联系。

2）能够体现遗产的价值与文化意义

对遗产的利用要能够体现出遗产的价值和文化意义，赋予遗产的新用途要与遗产所具有的文化地位、社会影响力相称，对那些已经上升为文化符号、精神象征物的遗产的利用尤其要注意这一点。不能为了利用而损害遗产的价值，要防止为了利用对遗产进行不正确的、过度的改变，防止出现以追求遗产的经济价值为目的的利用行为。

3）遗产利用的公益性质不能改变

遗产具有为公众所享有、为公众所享用、为公众服务的基本属性，遗产的利用自然不能与此基本属性相违背。遗产事业同教育、文化艺术等事业一样是社会公益事业的一个重要组成部分。

4）必须遵守可持续发展原则

可持续发展是指既满足当代人的需求，又不对满足后代人需要的能力构成危害的发展。遗产这种资源的根本属性之一是它的不可更新性、不可再生性、不可替代性、难以模仿性和稀缺性，它的供给量是十分有限的，所以对遗产的利用必须遵循可持续原则，要将对遗产的消耗最小化，使遗产尽可能长久、良好地存在下去，能够被未来的人们享用，因为对遗产的享用不仅是我们这一代人的权利同样也是我们后代的权利。

5）遗产利用不能影响遗产的展示

遗产展示是遗产保护的一项基本的、重要的内容，亦是利用的前提——先要保证展示，然后才是如何利用的问题。如果没有展示，只有利用，遗产的价值、文化意义无从表达、体现。实际当中，有一些使用功能发挥较好的建筑遗产的使用者或所有者常以影响其日常使用为由拒绝、阻止公众接近遗产，这种现象是不该发生的，是对公众享有遗产的权利的侵害，也与我们保护遗产的目的背道而驰，应该通过有效的管理手段来防止这样的现象发生。

6）遗产利用产生的经济收益要用于保护及相关事业的发展

遗产利用产生的经济收益一方面可以为遗产保护提供资金，增加保护投入，不能用于和遗产无关的活动或者分红。也就是说对于遗产的利用要本着取之于遗产用之于遗产的原则。

遗产利用产生的经济收益的另一方面用途是提高遗产所在地的居民生活质量，促进当地经济发展。因为当地生活水平的提高、经济的发展正是遗产保护工作能够顺利、持久地进行下去的根本保障。

3．利用的内容

遗产利用的内容就目前而言主要包括以遗产为对象的游赏性、体验性活动，具体地说就是旅游活动（游赏各类遗产，参观博物馆、纪念馆等），还有将遗产作为某地或某文化的形象代表、标志物、象征物使用和利用遗产生产各类文化产品，如印刷品、电子制品等。前者的利用是直接的，后者的利用是间接的。

1）博物馆类的利用

参观博物馆是文化旅游中一项不可缺少的内容，在此讨论的不是各类新建的现代博物馆，而是各种利用建筑遗产提供场地和空间的博物馆（纪念馆）。

博物馆的收藏、展览功能一向被认为是能够赋予建筑遗产的合适的、理想的新功能。因为博物馆所具有的文化、教育功能也是建筑遗产所具有的功能内容之一，同时建筑遗产往往都伴生有各种可移动文物，这些文物可以很便利地利用建筑遗产为它们提供收藏和展示的空间。

博物馆类的利用要考虑的主要问题首先是遗产的物质构成和空间特点与博物馆之间的相容性问题，即遗产是否具备承担这种新功能的物质条件，它的平面布局、结构、空间、材料，是否与博物馆的功能相匹配。其次是博物馆展示的藏品与建筑遗产之间应有一定的关联度，藏品与遗产之间能够相互提供直接或间接的相关信息，这样遗产的展示与藏品的展示之间就会相互协调、不产生矛盾或矛盾很小。例如名人故居用作名人纪念馆就是遗产的展示与藏品的展示之间信息关联度高、不产生矛盾的利用做法。如果没有这种关联度，建筑遗产就只是起到了提供展览空间的作用，无助于遗产自身价值与文化意义的展示。

2）遗产旅游

遗产旅游的游览、观赏的对象是展示出来的遗产。遗产展示是遗产旅游的前提，遗产只有展示出来，才能够成为旅游的对象。或者可以说遗产旅游是由遗产展示派生出来的一种活动，没有遗产展示也就不存在遗产旅游。所以旅游是一种接受遗产通过展示传达出的信息的途径、方法（图 5–7）。

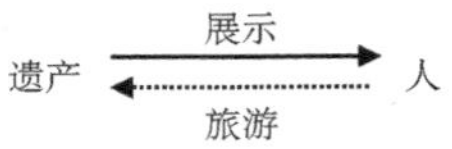

图 5–7　遗产旅游

建筑遗产是具有较大的吸引力、较高的社会知名度、能够使人产生较高期待值的旅游资源，以它为资源的旅游具有与其他资源的旅游不同的特点。旅游业的一个基本特点是讲求娱乐性，追求新奇、刺激，其作用于旅游者的方式也是直截了当，讲求现场的娱乐效果，所以经常会显得不择手段，设置一些品位不高、格调不高的旅游内容。而以遗产为旅游资源的遗产旅游，在这个方面是必须区别于以非遗产为资源的一般旅游的，它是通过给旅游者提供新鲜的、陌生的知识和信息来满足旅游者的好奇心，激发旅游者的求知欲，并在这种获取知识和信息的过程中得到心理的满足和精神的放松，这是一个知识探秘、知识探险的过程，是知识的娱乐性的体现。每个遗产所提供的知识和信息都是以该遗产为主题和背景的，对于完全没有相关知识的旅游者，使他知道、了解，增加他的知识储备量；对于对遗产有一些模糊知识、有一些了解的旅游者，使他的知识完整、清楚，不再一知半解；对于知识丰富的旅游者，使他的知识更具体、更感性、更立体化。遗产旅游所创造的这个知识探秘的过程是具有延续性的，影响是长期性的，是在旅游行为结束后还可以继续进行下去的，可能有的旅游者在去过敦煌莫高窟之后会萌生了解佛学的念头，或是对佛教艺术发生兴趣，或是有了探究丝绸之路上其他文化遗产的计划；看过唐代大明宫遗址的旅游者，可能会想多看些书、好好去了解一下那个大唐盛世的历史、文化等。这种历史的魅力和文化的感染力就是遗产旅游留给旅游者的最主要的记忆。

遗产旅游能够最为广泛地传播遗产的价值和有关遗产的知识、信息，加深公众对遗产保护的认识和了解，培养、树立社会的遗产保护意识和观念。而且这种传播是以个人的现场经历、体验和感受为基础的，所以更具有说服力、生动性和可信度。旅游也是人们能够更深入、更全面地认知遗产的方式，我们今天仍在使用、传布的很多对遗产特征的总结都是在历史上通过旅游活动提炼、概括出来的，比如长安八景、钱塘十景、“桂林山水甲天下”、“五岳归来不看山”等，这些不仅是对遗产特征的高度概括和总结，更是文化层面上的提升和深化，它们留存到今天本身就已是非常宝贵的非物质文化资源。

同时，在物质方面，旅游还可以对遗产所在地的经济发展、社会发展起到一定的推动作用，对于经济相对落后的地区，遗产旅游的这一作用表现得更为显著一些。由于很多遗产位于自然环境和文化环境较好的地区，或者因遗产保护的实施改善了环境，再加上遗产创造的历史、文化氛围，更使得环境价值进一步提升。良好的环境质量和遗产所带来的公众知名度、影响力、吸引力都是能够创造经济效益的无形的、潜在的资本。

由旅游而引发的需求是多方面的，或者说旅游需要有多方面的服务支持，交通服务、食宿服务、购物服务、通信服务、金融服务、医疗卫生服务、娱乐服务等。通过提供这些服务，遗产所在地的政府和居民可以获得经济收益。

遗产旅游这种利用方式对于遗产的影响是巨大的、全方位的，而且这种影响并不只是作用于遗产本体及其环境，还扩大至遗产所在地居民的生活。一个遗产对于旅游者有多大的吸引力，归根结底取决于遗产的价值大小，遗产的价值越大，造成的社会影响越大，享有的公众知名度越高，旅游吸引力自然也就越大。而遗产的旅游吸引力越大，遗产及遗产所在地受旅游的影响也就越大。旅游作为遗产利用的一种方式可能成为遗产保护的强有力的、积极的支持力量，同时也有可能成为破坏它所进入的地区的日常生活的一种经济力量，这一点在目前的中国已是经常可以见到，在许多地区，旅游已经是一种决定该地区生存发展的根本性力量。旅游者从绝对数量上来说一般都不会多于当地居民，但是逐日累积，其持久的影响足以对遗产所在地区的环境及其生活结构、文化特征造成严重的影响甚至是彻底的破坏。因为为了给旅游者提供服务，当地居民会逐渐改变自己原有的生活方式，放弃传统的职业和谋生技艺，商店里会摆满旅游者需要的各种商品和旅游纪念品而不是当地居民的生活和生产资料。当地居民的这种生活的改变也会间接地、不同程度地降低遗产的价值，因为这种改变影响到了遗产的真实性。为了创造旅游条件、吸引旅游者，还会修建各种旅游服务设施，如饭店宾馆、购物中心、娱乐设施，会拓宽道路及新建道路、停车场、机场、车站等。这些从客观上看虽然也有利于当地居民，会改善当地的生活质量，比如交通条件的改善，但是对遗产所在地的现有环境、历史形象的改变也是巨大的、不可恢复的。现在一种普遍的看法是旅游能够创造大量的就业机会，但是要看到这些就业机会主要是旅游服务行业的从业人员，这些都不是能够独立创造价值、促进经济发展的职业，这些职业大多雇佣的是当地的年轻人，从事这些基本不需要专业技能的工作对于年轻人的未来发展并不是理想的选择。

旅游业具有多变性，它的稳定发展需要有安定的社会环境，会因为外部环境、条件的改变发生急剧的变化，一个地方可能会在很短的时间里有成千上万的旅游者涌入，然后又可能在更短的时间里变得门庭冷落，社会状况、政治事件、经济事件、休假制度、气候变化、自然灾害、流行病等诸多随机的、突发的因素都会对旅游产生严重的影响。周期性的旅游旺季、淡季都会使遗产所在地的经济状况造成大反差的摇摆，何况是这些因素，它们会彻底击垮旅游业从而导致地方经济的崩溃。所以不论是对于城市地区还是乡村地区，其经济都不能完全依赖于旅游，必须发展独立于旅游业的经济，利用旅游带来的经济收益开发和建设本地区市场，扶持具有地区特色的产业，以旅游为生发点来促进本地区经济的发展。如果能够通过制定基于地方资源特点的、以遗产保护为前提条件的旅游政策、经济政策，加上各级政府的有效控制、管理，使遗产所在地的经济发展进入可持续发展的轨道，那么这样的稳定、正常、健康的状态就能从根本上遏止片面地、不择手段地追求眼前经济利益而不顾地方经济的整体长远发展的倾向，逐渐减少对遗产的“杀鸡取卵”式的旅游、开发，并反过来为遗产保护提供有力的资金支持，把遗产保护作为推动地区整体发展的一个重要的、不可缺少的因素，而不仅仅是把遗产当做“摇钱树”。而且就遗产而言，只有所在地区经济发展、物质生活水平提高才能为遗产保护奠定最可靠、最广泛的基础。

六、改善与发展

改善与发展是对处在使用状态中的建筑遗产保持其使用功能并使之延续和强化的整体性保护措施，主要是针对历史街区和历史城市这两个建筑遗产的保护层次的。它既是具体操作的方法，也是解决历史街区和历史城市保护问题的指导性思想。我们保护历史城市和历史街区不仅是要保持其特点，还要改进、突出、强化其特点。

就我国古代城市规划、建设的特点而言，今天我们保护历史城市最根本的是要保护它们的骨架——道路系统，这是保护历史城市的格局、肌理和面貌的基础所在。道路系统不存在了，城市的历史印记也就湮没难辨了。我们现在保护历史街区，不过是无法或无力保护历史城市的退而求其次的办法。所谓的历史街区，只是历史城市这个有机体上一个组成部分而已，并且也往往不是历史城市有机体上一个完整的组成部分，而是在多种历史及现状因素的作用下形成的，或者完全是人为地划分出来的。所以，历史街区的保护不等同于历史城市的保护，不能用它代替历史城市的保护，而且，保护历史街区也不是保护历史城市的方法和权宜之计，尽一切可能保护我们现在尚存的历史城市才是我们当前最为迫切的遗产保护工作。

针对我国目前历史街区和历史城市的现实状况和条件，改善需要通过规划控制手段和工程技术手段共同来实现。

1. 工程技术干预手段

具体的工程技术干预手段主要包括基础设施的建设和完善与建筑物的改造和整理，基础设施的建设和完善包括如下几个方面。

1）整修道路

整修道路是指提高现有道路的质量及增设相关的设施而不是一味地拓宽现有道路，增加道路面积，也不是开辟新的道路。这是一个原则性问题，因为道路面积的大量增加、新的道路的介入对于历史街区的影响是根本性的，会很快改变历史街区的组织结构和肌理，改变建筑物与建筑物之间的空间关系，而这种改变就意味着历史街区特征、传统面貌的丢失。道路面积的增加会引起穿越历史街区的机动交通量的增加，大量的机动交通流量会影响历史街区中的日常生活，给社区居民造成干扰。从更深一层来分析，与街区生活无关的机动交通的进入会程度不同地阻碍甚至割断社区内部的各种联系，从而降低社区生活的完整性，同时也影响了历史街区的环境质量。禁止机动交通进入历史街区在实际操作中是很难实现的，可行的、现实的方法是通过安装道路限速设施等具体的技术手段来严格限制机动车辆的行驶速度，合理组织城市交通，尽可能使经由历史街区的过境交通流量最小化。

2）补充、完善基础设施

补充、完善基础设施包括改造、埋设各种管线，增设消防等安全系统，安装网络，完善绿化系统，增补公用设施（如照明、指示牌、垃圾箱、公用电话、无障碍设施、书报亭、休息处等，这些公用设施一是为社区居民服务，一是为参观旅游者服务）。在遵守设计和施工规范的前提下，会需要一些根据改善对象的现实状况与条件的复杂性、特殊性的变通、创新的做法。

3）改造和整理建筑物

建筑物的改造和整理是指对构成历史街区和历史城市的群体性质的建筑物实施的干预手段，这些群体性质的建筑物是构成历史街区和历史城市的基本物质单元，具有建筑群价值及景观价值，这些建筑物的建筑质量、保存状况参差复杂，需要根据其实际状况确定改善的具体措施，基本的原则是不能改变建筑物的传统外观，这意味着建筑物的式样（门、窗和各个构成细部的式样）、建筑材料、色彩都要保持不变或是只能有微小的变化，而建筑物内部则可以按照现代社会的使用要求进行改造、加固，增加必要的设施；对于已经变化了的建筑物，要加以恢复，就是剔除与整体建筑群不和谐的新材料、新建筑构件、新的装饰细部，除了在观感上十分强烈的铝合金门窗、瓷砖、蓝色玻璃，还要特别注意一些外观上与传统材料很近似的现代材料，如水泥瓦（替代陶瓦）、各种水泥预制件等，很易造成以假乱真的效果，破坏改善对象的真实性。对于建筑结构已经破坏、无法安全使用的建筑物，则可以拆除后按照原样重建。

实施这些工程技术干预手段的目的在于提高居住在历史街区、历史城市中的人们的生活质量，使他们能够和城市其他地区的居民一样享有现代化设施带来的舒适和便利。而最终的目的是留住社区原有居民，尤其是年轻一代，同时还可以吸收新的居民加入进来，为社区增添新的活力，这样历史街区的日常生活才能够持续下去，只有生活持续下去，历史街区才能够继续存在并随时间发展，这就是对历史街区的真正保护。历史街区是经历相当长时间逐渐形成的，这种具有适宜生活的优良品质的居住模式在现代化、物质化的当今城市里尤其显示出它的珍贵、令人向往和期待。

2. 规划控制手段

规划控制手段包括：

(1) 控制历史街区的人口规模。

(2) 控制道路交通的规模与模式，以步行交通为主。

要通过规划调整历史城市的交通格局，控制进入历史街区的机动交通量。另外，要坚决避免运输卡车、大客车这类大型、重型机动车辆从历史街区穿越，因为它们会对历史街区的物质安全造成损害。目前，很多城市都习惯把单体的建筑遗产放在城市交通的环岛位置或主干道上，每天都有大量的机动交通环绕着或者从建筑物下穿行，这是危险的做法。汽车尾气会腐蚀建筑物的材料，降低材料的耐久性、坚固性，交通噪声引起的声波振动会对建筑物的结构产生缓慢的破坏作用。机动交通从建筑物下穿行的情况下，一旦发生交通事故，就有可能对建筑物造成彻底的破坏。除了缺乏安全、健康的物质环境，在这样的状态下建筑遗产也无法很好地达到展示的要求。

在历史街区和历史城市中人们的活动与建筑、空间之间的联系都维持在步行可以到达的范围之内，这一点很重要，这是历史街区、历史城市的空间与环境的基本特点，是它们的历史延续性的体现。步行方式可以使人们充分体会、感受历史街区和历史城市的特色，是历史街区、历史城市给人以舒适感、放松感、亲近感和受人喜爱、令人怀念的重要原因。这种由步行可达的距离有效控制的空间尺度和规模在由机动交通决定了格局的现代城市里尤显珍贵。

但是完全的人车分流、步行区域也不是十分理想的，尤其对于规模较大的历史街区，因为这样势必会使步行区域的四周或进出步行区域的道路节点处聚集大量的车辆及相关的服务设施，从而使步行区域与周围街区隔离开。对于生活在步行区域中的居民来说，这也使他们无法享受机动交通的便利。所以，完全的人车分流或者绝对的步行区域只能在一定的条件下适用而不是解决历史城市和历史街区交通问题的普适良方。

单靠行政管理命令和硬性手段来解决历史城市和历史街区的机动交通问题是不行的，明智的办法是通过其他的方法使小汽车的使用者（包括城市其他社区居民和外来的旅游者）自行减少汽车的使用而以步行的方式来进入历史街区。这些方法包括创造多样的功能内容，并且要享受这些丰富的功能最方便的方式是步行而不是开着汽车，当人们对历史街区多样功能和舒适、亲切的环境氛围的喜爱和需求大过不自己开汽车的不便时，自然就能够接受历史街区以步行为主的交通方式了。当然，与此同时政府要做的就是为到达历史街区的人们提供方便、卫生、安全、高效的公共交通（图 5–8）。

(3) 保持并强化历史街区的传统功能的同时，适当发展新的功能。

比如发展旅游业，继承并发扬地方传统制造业、地方传统饮食业等。继承、发扬地方传统

图 5–8　城市环境中的建筑遗产——西安城标志之一的明代钟楼（左图）和鼓楼（右图）位于老城内的中心位置。钟楼在东、西、南、北四条主干道的交会处，被繁忙的机动交通环绕。鼓楼被设置在周围的停车场包围着

（图片来源：作者自摄）

的制造业、饮食业等是保持地方文化、地方传统的重要内容之一，它们既是地方特色的来源，也是地方特色的组成部分，同时也是发展旅游业的依托。而且这些传统行业也为当地人的日常生活提供服务，满足他们的生活需要，都是他们所熟悉的、所喜爱的。

复杂功能的混合是产生多样化和吸引力的基本条件，历史街区的特色也正是来源于它承担的多样功能。需要保护规划的制定者们去发现该地区的物质、文化结构与特点，以及吸引力，而保护规划的制定就是要保护这个结构，发扬这些特点。

历史街区和历史城市的保护针对的都是这个地区或这个城市的整体特点，而不是特指其中的某一个或某几个建筑物，即使它们价值突出、重要且该历史街区是以之为核心的。首先考虑、确定了整体的保护政策之后才是其中的个体建筑物的保护策略和具体保护措施。这个保护政策同时也应该与该地区、该城市的其他规划政策，包括住房、交通、环境保护和经济发展等政策形成一个紧密、完善的整体。

（4）控制新建筑的质量，建立与保持富有吸引力的空间环境。

历史街区及历史城市中的新建筑没必要也不应该是周围的历史建筑的仿制品，它们应该是高标准的、富有想象力的新设计，在细节的设计上，应当考虑建筑物的规模、体量、高度与周围历史建筑的组合，还有当地材料的特点、质量与使用效果。彻底的现代建筑放在古老建筑旁边，可引起人们对新、老建筑更专注、更仔细的观察、对比和欣赏。新老建筑的混合共存也是生活趣味性的一种体现，有益于街区的多样化和生动性，所以不应该一味排斥新的建筑进入历史街区，只要新的建筑是有水准的、高质量的设计，不是老建筑的粗劣的仿制品或是敷衍拙劣、品位低下的新建筑。

对于公共空间的形成与建立，保护也是一种重要的方法，保护那些具有价值和文化意义的建筑物、建筑物群和场所、空间，其实就是保护公共空间的特征，这有助于建立和创造富有吸引力的空间环境。

（5）历史街区的保护规划必须控制进入历史街区的资金数量。

因为大量资金的涌入会在短时间内彻底改变历史街区的环境和特征，所以要坚决避免用大规模地改造、开发工程的方式来处理历史街区问题，而要用渐进的改善方法。历史街区是动态的、活的建筑遗产，它随着社会的发展、生活的变化而发展、变化，所以历史街区的改善亦是一个动态变化且持续不断的过程，要通过保护规划建立历史街区的能够持久地有效运行的保护与保护管理体系，促使历史街区进入自我更新、持续发展的有机状态。

历史延续性是历史街区和历史城市最基本的特征，改善与发展就是要通过规划控制手段和工程技术干预手段保持这种延续性并把它传递下去，同时在这个过程中根据社会的发展和生活的新需求调整、更新。

七、教育

遗产教育是指传播有关遗产的知识和信息，使公众具备了解、欣赏，以至理解和保护遗产的知识与能力。

遗产教育是一项非常重要的保护工作内容，是面向全社会，面向每一个公民的。它是实现遗产保护的公众参与的基础，道理是显而易见的，因为如果公众不具备遗产的相关知识就无法参与到保护活动中。而保护遗产，既是每一个公民应该承担的责任、应该履行的义务，同时也是每一个公民应该享有的权利。政府应将遗产教育确立为一项基本的文化政策，将遗产教育作为公民基本素质教育纳入到我国的公共教育体系中，使每一个中国公民接受遗产教育，培养保护遗产的意识，从而能够行使保护中华民族共有遗产的权利，承担起保护中华民族共有遗产的责任。

要将遗产教育纳入公共教育体系仅凭以往惯常使用的宣传、教育方式是不行的，那些方式都是暂时的、随机的，而遗产教育必须是长期的、固定的、成系统的。遗产教育要真正收到实效、达到目的，必须有制度上的保障，要通过教育立法进入到我国常规的学校教育中，落实到教学计划的制订和教材的编写上。虽然我国现有的学校教育中已经包含有文化遗产方面的内容（高中语文教材中有涉及文化遗产的课文），在高考的语文试题中也曾出现过以文化遗产为主题的作文命题[1]，但是在整个教学内容中所占的分量实在是很微小，在教与学两方面都没有引起足够的认识，距离我们所需要的成系统的、经过完善规划和设计的遗产教育就更是遥远。现在经常说教育要“从娃娃抓起”，遗产教育也应该如此，从小学到大学都应该开设遗产保护方面的课程，使每一个中国公民从小就接受系统的遗产教育，形成遗产观念，培养保护意识。

遗产教育还不能是只在课堂上、书本上进行的教育，它是必须结合遗产实物在实地进行的，是需要有形象上的认知和感性的体验作为基础的。也就是说需要有遗产展示作为前提条件，遗产教育的内容需要有相对应的遗产展示内容来配合，才能够产生理论知识与感性体验相统一的教育结果。同时，遗产教育也是无法单独进行的，必须同传统文化教育结合、作为一个整体来开展，因为文化遗产就是传统文化的物质载体，是传统文化留存至今的见证物。如果没有传统文化的素养，就很难达到对遗产的了解、欣赏和理解。换一个角度来说，传统文化教育在目前对于塑造民族精神、提高国民的人文素养尤其具有重要的意义，而遗产教育就是其中不可或缺的组成内容。所以，遗产教育需同历史、传统艺术、地方文化等传统文化教育的内容结合进行，共同组成为一个完整的公民素质教育系统。

遗产教育的开展方式也是一个重要的、迫切需要进行研究探索的课题。对于学校的遗产教育，可以设立专门的遗产课程，也可以结合历史、地理、语文等课程和德育及素质教育课程来进行，不论以哪一种方式进行，都需要从教学计划的制订、适宜教材的编写、课堂教学和实物实地教学方式的确立等各个方面进行系统的、全面的规划和建设。对于面向社会公众的遗产教育，需要考虑到不同人群对遗产知识的不同层次的需求，要针对不同的对象提供不同深度的、多方面的遗产教育内容，使公众可以根据自己的喜好和需要来选择。以往的手段单一、内容固定，只从实施者的角度出发，很少考虑受众想知道的是什么、感兴趣的是什么、关注的是什么的文物保护宣传、教育已经与当前的社会状况不相适应，已经不能够满足遗产保护事业的发展需要，所以遗产教育研究已经成为一个需要优先解决的课题。

遗产教育课题的研究需要有政策上的保障，需要有政府各部门的通力协作。而文物部门在其中自然是起着主导的作用。关于遗产的知识和信息不应该只在专业领域、学术圈子内流通，

---

[1] 2001年的上海高考语文试卷的给材料作文题是与文化遗产有关的，题目节选如下："近年来，我国的泰山、长城、苏州古典园林等已被评为世界历史文化遗产。越来越多的人开始意识到其中蕴藏的巨大价值，并自觉地为保护这些遗产作出种种努力。今年在上海举办的重大国际会议还将周庄等江南古镇介绍给各国来宾，作为‘让世界了解中国’的有效途径……我国的文化遗产除了世界级的，还有各级各类的，它们分布于全国各地，有的就在我们身边。你注意过这些大大小小、远远近近的文化遗产吗？请说说你对它们的了解、认识和思考，写一篇1000字左右的文章"。从这个高考题目中说及文化遗产时用词、说法的不准确就可以了解到目前我国遗产知识的普及程度。

文物部门与相关的研究机构应充分利用其拥有的专业技术优势和资源优势积极、主动地向社会传播、普及和阐释遗产知识和信息。

八、管理

遗产管理是日常性的、综合性的保护工作，它涉及遗产保护工作的各个方面，并贯穿遗产保护工作的全过程。上述的各项保护工作也需要通过管理工作来组织和协调。具体地说遗产的管理工作包括以下这些主要内容——建立管理标准与规范，完善文物保护的法律法规，建立专门的保护机构，制定保护政策，建立资金保障及运作制度，培养保护人员[1]，成立保护组织。它们各自又包含有丰富的内容。

遗产管理的工作内容中最重要的就是文物保护法规的完善和管理标准与规范的建立。法规应该是制约与引导并重，不仅规定不能做什么，而且指明能做什么，应该怎样做。

制定保护政策不仅是指制定宏观的、全局的、适用于我国普遍的保护状况的政策，同时改进完善现有的保护政策，还要根据保护对象的特点与其所在地区的状况制定具有地方特点的、有针对性的法律、章程、规范和标准。由于我国地域广大，不同地区之间的文化传统、经济条件、社会状况都存在着差异，所以后者在我国目前的保护工作中有着更为迫切的需要。因为是针对某一个具体的保护对象、或是某一种类型的保护对象、或是某一个特定地区的保护对象制定的，是基于对保护对象的特点和现状以及所在地区的社会、文化、经济条件的了解和把握的，所以这是具有实践意义的和可操作的，同时也是具有地区文化特色的保护政策。

在制定保护政策的多项内容中，建立明确的、完善的奖惩制度是不可缺少的内容。《文物保护法》中规定的给予精神鼓励和物质奖励的标准比较高，奖励范围也有限。我国目前针对全社会的、针对广大公众的文物保护方面的奖项几乎没有，这是我国文物保护事业公众参与程度低、社会关注度低、政府还不够重视的真实反映，我们需要建立面向整个社会的、具有广泛的社会影响力的、长期设立的、多方面的文物保护奖项，比如可以设立保护可移动文物的奖项，保护非物质文化遗产的奖项，保护古城镇、古村落的奖项，保护古建筑的奖项，保护近现代建筑的奖项，宣传、普及文物保护知识的奖项，培养保护专业人才的奖项，传承、发掘、保护传统工艺技术的奖项，为保护文物不懈努力、与强权抗争的奖项，等等。不论是热心保护事业、积极参与保护事业的普通公民，还是保护事业的从业人员，都有获得荣誉的机会。同时，政府应该充分利用各种形式的传播媒介大力宣传这些保护奖项，提高其社会知名度和在公众中的影响力，引发全社会的关注和兴趣。因此，奖励制度同时也是一种有效的、不可替代的保护宣传手段。

---

[1] 培养保护从业人员是指培养从事保护工作的专业研究人员、工程技术人员和直接从事日常保护管理工作的人员。我国目前主要是通过举办各种类型的教育培训班的方式来完成的，大体上可以分为施工专业技术人员的培训、专业研究设计人员的培训和行政管理人员的培训，如定期举办的针对专业研究设计人员的“全国省级古建所（文物保护中心）所长（主任）专业管理干部培训班”，全国性的针对专业研究设计人员的“全国古建筑保护培训班”。地方性的如北京市 2004 年组织举办的针对施工专业技术人员的“文物建筑项目经理及古建工长培训课程”，还有地方文物部门针对当地文物保护及管理工作中遇到的具体问题举办的专题性的培训课程或讲座。此外，经常召开的全国文物保护工程的汇报会、保护工程的评审会以及文物保护科技工作会等专业性会议客观上也起到了促进文物保护领域内的相互交流、学习的作用。

除了名誉上的褒扬，经济上的奖励也是不可缺少的，可以由中央政府和各级地方政府、文物行政管理部门、积极参与保护事业的企业、高校、科研机构、社会团体以及个人提供资金，建立多种类型的奖励基金。除了直接给予奖金外，奖励还可以包括其他多种形式，如提供保护专业技术人才的培训和教育机会，为传承传统工艺技术的匠师提供补贴用以发扬传统工艺技术、培养继承者等。

在另一方面，惩罚也是一样，政府可以利用传播媒介将不利于保护、有损于保护的行为、活动公之于众，根据其严重程度可以划分为通报批评、警告和严重警告等不同的惩戒级别，通过这种手段提起政府相关部门的重视和干预，以及社会舆论的关注，从而达到可以在一定程度上减少或阻止不利于保护、有损于保护的行为活动发展为后果严重的文物破坏行为的目的。可以说这是将一直以来公众及新闻媒体对文物破坏事件的自发的舆论监督形成监督制度，转变为一种正规的管理手段。社会各界、政府各部门包括文物部门在内都必须接受这样的监督。

关于保护组织，《文物保护法》中并未提及。保护组织的缺乏反映出我国公众对文物保护事业的参与程度还很低，文物保护活动与社会生活的距离还很遥远。文化遗产保护是以国家为主体开展的，但是如果政府是保护工作唯一的承担者和操作者，并不利于保护事业的发展，只有自上而下地推动和要求，缺乏自下而上的理解、支持与行动，实际的保护工作中就会产生一些难以解决的问题和矛盾。非政府性质的、民间的保护组织能够在政府与公众之间搭建起沟通、联系的桥梁。在政府一方，通过保护组织，使各种文物保护的法规、政策得到公众的认识与接受，使具体的保护工作得到公众的了解与支持。同时获得公众的反馈信息，作为制定保护政策、开展具体保护工作的依据与参考。在公众一方，则因为有了自己的保护团体，能够有组织地参与到文物保护活动当中，得以表达对保护工作的愿望、意见和要求，并对政府的保护工作进行监督与批评。保护组织能够发挥的主要作用和能够承担的具体工作还包括向公众进行科普性质的文物保护知识教育与宣传，使公众具备基本的文物保护知识，帮助公众形成文物保护的基本观念，提高公众对于城市环境、建筑遗产、历史文化、经济发展等问题的认识水平。并鼓励社会各界为保护事业进行捐赠。保护组织可以利用在群众基础和广泛性方面的优势，协助文物部门开展建筑遗产的调查活动，进行地区性的建筑遗产的调查工作与相关文献、资料的收集、整理工作。对于那些尚未列入文物保护名单的或没有条件成立专门的保护机构的建筑遗产可以由保护组织承担起日常的保护管理工作。

以上这些建筑遗产的保护内容同时也是建筑遗产的保护方法。这些保护内容会随着建筑遗产保护事业的发展和技术、经济、文化状况等外部条件的变化而发展，增添新的内容，丰富、完善原有的内容，这是一个动态的、持续进行的过程（表 5-4）。

建筑遗产“保护”的内容 **表 5-4**

保护内容	概念	包含的具体内容 / 基本类型	相关的专题研究
资源调查	掌握、了解遗产各方面状况、获取遗产现状基础信息的技术性手段	两种基本类型——普遍调查、专项调查	遗产信息采集技术开发与研究； 遗产信息记录与分析的方法、手段研究； 遗产的物质结构与构成方式研究；遗产的材料与建造技术研究； 遗产管理现状和条件研究与评价； ……

续表

保护内容	概念	包含的具体内容／基本类型	相关的专题研究
研究	揭示和发现遗产的内容、价值和文化意义，以及获得遗产各方面信息的保护工作	两种基本类型——遗产研究、遗产保护研究	遗产的价值研究与评价； 遗产原样及其衍变研究； 遗产所在地的自然条件与自然资源研究与分析； 遗产所在地的社会经济状况研究； 遗产所在地的地区文化与传统文化研究； 遗产所在地的建筑传统与工艺技术研究； 遗产相关文献研究； 遗产的文化学研究； ……
技术干预	施加于建筑遗产本体及其相关环境的工程技术措施	保存、修复、重建、迁建、环境修整	遗产保护条件和现状研究与评价； 遗产所需的保护技术研究与试验； 遗产破坏因素研究与分析； 遗产保护的原则与方法研究； 遗产保护技术研究； 遗产保护规划实施结果研究与评价； 遗产保护工程实施结果研究与分析； ……
展示	说明遗产的内容、价值和文化意义的所有手段	两种基本类型——专业性展示、一般性展示	遗产展示的行业规范和标准研究； 不同类型遗产的展示内容研究； 遗产展示原则与方式研究； 遗产展示的原真性研究； 遗产展示受众的需求、接受心理与行为研究； 遗产展示手段的研究与设计； 遗产展示中计算机技术的研究、开发与应用，遗产展示设施的设计与开发； 遗产展示与遗产教育的协作研究； 遗产展示与遗产旅游的关系研究； ……
利用	帮助人们了解遗产价值和文化意义的活动。目的在于使遗产发挥使用价值。一方面是对遗产所具有的使用功能的恢复、延续和发挥，另一方面是赋予遗产新的使用功能	两种基本类型—— 直接利用（以遗产为对象的游赏性、体验性活动）、间接利用（使用遗产作为标志物、象征物，利用遗产生产各类文化产品）	遗产利用的策略研究； 遗产利用的方式研究； 遗产利用的原真性研究； 遗产旅游的内容研究； 遗产旅游的规划设计研究； 遗产旅游的组织管理方式研究； ……
改善与发展	对处在使用状态中的建筑遗产保持其使用功能并使之延续和强化的整体性保护措施	工程技术干预 规划控制	遗产发展与改善策略研究； 遗产发展与改善的方法研究； 遗产发展与改善的技术措施研究； ……
教育	传播有关遗产的知识和信息，使公众具备了解、欣赏以至理解和保护遗产的知识与能力的措施	常规的学校教育、公民素质教育	遗产教育的内容研究； 遗产教育的方式研究； ……
管理	日常性的、综合性的保护工作，它涉及遗产保护工作的各个方面，并贯穿遗产保护工作的全过程	建立管理标准与规范，完善文物保护的法律法规，建立专门的保护机构，制定保护政策，建立资金保障及运作制度，培养保护人员，成立保护组织……	遗产保护的法律法规研究； 遗产管理规范与标准研究； 遗产保护资金的管理与运作研究； 遗产保护政策研究； 传统建筑技术与工艺的保护研究； ……
……	……	……	……

资料来源：作者自制。

CONCLUSION 结语

当我们在研究、讨论了诸多关于建筑遗产保护的问题之后，如果没有回到研究、讨论的出发点去追问建筑遗产保护到底保护的是什么、为什么保护，这些研究、讨论总归是不完全的。那么，关于保护什么的问题，答案似乎是很明确的、没有异议的。各种保护技术措施直接施加在建筑遗产这样的物质实体上，针对每个建筑遗产的物质实体的不同现状使用的诸如维护、加固、防护和修复、重建等措施都是为了延续、维持它的存在，使它尽可能地稳定，尽可能地长久。但这只是表面的现象，我们要深入到这些具体的保护工作和物质实体的背后寻找答案——这个答案就是我们真正要保护的东西是渗透在每一个建筑遗产里的文化，还有这些建筑遗产所见证、记录的历史。

建筑与人类的其他创造性活动相比具有更广阔的感知范围和更强大的承载能力，感知人类在物质和精神领域的创造、思考和行动，并承载着这些创造、思考和行动的结果。它们在过去孕育、发展，经过时间的酝酿，形成我们所说的文化和历史。这些看似无形的、抓不住的东西经由建筑使我们可以真正地认识和理解。我们要做的就是保持它们的生命，继续它们的繁荣，不能让这样的动态生长在今天被割断。

在中国的历史上不乏建筑遗产保护的实践活动，也有相应的建筑遗产保护的观念，虽然没有形成为今天所说的遗产保护的系统方法和逻辑概念，但是这也是古代社会发展的状况与文化特点使然，在文化与传统一脉相承、中断远远少于连续、社会发展更替速度根本与今天无法相比的古代社会里，建筑遗产保护并不像在当今社会里那样有着不可或缺的必要性和刻不容缓的紧迫性。而且古人一向更重视可移动文物，对器物、金石、书画的收藏、研究由来已久，而建筑物因其实用性突出并没有被古人视作文物。这个观念的影响一直延续到了现在，对可移动文物的保护在管理的严格程度和严密性上都远大于不可移动文物（当然，近 20 年来对建筑遗产保护的重视程度在不断提高）。在古代社会里，对建筑的照顾、维护、修缮以及重建主要是出于两个方面的目的；一是保持、延续使用功能，也就是为了使建筑“好用”、“能用”以及“用得更久”；另一个主要目的是保持、延续建筑的社会功能和文化象征意义，宫殿建筑体现的是帝国的强盛和君王的尊崇，敕建佛寺反映的是俗世的繁荣和佛法的兴盛，江山形胜之处的楼阁亭台映衬着经济的发达、交通的便利和文化的昌盛，文峰塔、忠孝牌坊则寄托着普通百姓的愿望和理想。有重要文化意义和社会影响力的建筑也同样会得到经常的、持续不断的照顾、维护、修缮以及重建，保存到现在的大多数古代建筑都是因此才能够留存下来的，其中有很多经过许多个不同历史时期的人们的使用、维护和修缮，乃至重建。

这些有重要文化意义和社会影响力的建筑的修缮、重建常被作为政治清明、人民乐业的盛世活动来进行，并有文人墨客作诗文、辞赋记录、颂赞，如范仲淹《岳阳楼记》所云：“越明年，政通人和，百废待兴，乃重修岳阳楼，增其旧制……”。换一个角度来说，修缮、重建这些土木大事也只有在“盛世”才有条件、有可能得以实施。乱世毁，治世修，于是逐渐形成为中国传统建筑文化的特点之一。

与物质组成内容相比，古人更注重保护物质内容中包含的文化内涵和传统特点，古代社会里这种重视建筑的精神、文化作用和社会功能的保护特点正是我们在今天应该继承和延续的传统，要将它用今天的科学、规范的遗产保护的专业语汇加以提炼、概括，使之成为我们正在探索、建立的符合中国建筑遗产特点的保护理论体系的来源之一。我们应该坚持这样的保护传统，以与今天只是为了狭隘、短视的功利目的才去保护遗产的行为、思想相抗衡。

其实，这种抗衡从根本上说是遗产保护同经济第一、市场至上的指导思想和认识的抗衡。也许可以找到两方面都能够接受的办法，或者就只有妥协，无论如何都需要我们付出努力，因为放弃就意味着无可挽回的后果。但是有一些基本的观点还是需要重申的，那就是在人类社会发展到现在这个阶段，高速的经济发展已经不再被认为是唯一的衡量国家的综合水平和实力的重要标准了，适度发展、可持续发展的概念逐渐被广泛地接受，这些概念的核心都是强调要合理地控制当代的经济发展使其不致妨碍后代的需求和愿望。一个国家的经济发展所能达到的高度，必须以文化的高度和历史与传统的深度、广度作支持，否则，经济发展得再快、经济实力再强，也不是真正的强国，只能是缺乏文化吸引力和精神魅力的经济体而已。而国家和民族长远的文化建设的需要，为遗产保护奠定了最为扎实、持久的基础。

我们为了我们民族的优秀文化和悠久历史而保护遗产。保护遗产，最根本的就是要保护好我们的历史和文化。

"……人类并非仅仅生存于直接的现在。我们生活在思想的河流当中，我们在不断地记忆着过去，同时又怀着希望或恐惧的心情展望着未来。"[1]

---

[1] 引自：阿诺德·汤因比（Arnold Toynbee）．序言[M]// 历史研究．刘北成．郭小凌译．上海：上海人民出版社，2000．

BIBLIOGRAPHY 参考文献

专著：

[1] 中国科学院自然科学史研究所主编．中国古代建筑技术史[M]．北京：科学出版社，1985.

[2] 中国古代建筑史（五卷集）[M]．北京：中国建筑工业出版社，2000 ~ 2003.

[3] 复旦大学文物与博物馆学系编．文化遗产研究集刊（1、2、3 辑）[M]．上海：上海古籍出版社，2000，2001，2003.

[4] 文化部文物保护科研所主编．中国古建筑修缮技术 [M]．北京：中国建筑工业出版社，1983.

[5] 梁思成著．梁思成全集（第四卷、第五卷）[M] 北京：中国建筑工业出版社，2001.

[6]（英）阿诺德·汤因比著．历史研究 [M]．刘北成，郭小凌译．上海：上海人民出版社，2000.

[7] 白寿彝主编．中国通史（第一卷）[M]．上海：上海人民出版社，1989.

[8] 日本观光资源保护财团编．历史文化城镇保护 [M]．路秉杰译，郭博校．北京：中国建筑工业出版社，1991.

[9] 恩格斯著．自然辩证法 [M]．北京：人民出版社，1961.

[10]（美）刘易斯·芒福德著．城市发展史——起源、演变和前景 [M]．宋俊岭，倪文彦译．北京：中国建筑工业出版社，2005.

[11] 中华人民共和国建设部，中国联合国教科文组织全国委员会，中华人民共和国国家文物局联合编写．中国的世界遗产 [M]．北京：中国建筑工业出版社，1998.

[12] 赵立瀛主编．陕西古建筑 [M]．西安：陕西人民出版社，1992.

[13]（俄）О·И·普鲁金著．建筑与历史环境 [M]．韩林飞译，金大勤，赵喜伦校．北京：社会科学文献出版社，1997.

[14] 国家文物局文物保护司，江苏省文物管理委员会办公室，南京市文物

局编．中国古城墙保护研究［M］．北京：文物出版社，2001．
[15] 梁思成英文原著．图像中国建筑史[M]．费慰梅编,梁从诫译．香港：三联书店（香港）有限公司，2001．
[16] 国家文物局法制处编．国际保护文化遗产法律文件选编［M］．北京：紫禁城出版社，1993．
[17] （美）B·C·布罗林著．建筑与文脉——新老建筑的配合［M］．翁致祥等译．北京：中国建筑工业出版社，1988．
[18] 李晓东著．文物保护法概论［M］．北京：学苑出版社，2002．
[19] 陈志华著．意大利古建筑散记［M］．北京：中国建筑工业出版社，1996．
[20] 王瑞珠著．国外历史环境的保护与规划［M］．台北：淑馨出版社，1993．
[21] 联合国教科文组织编．世界文化报告——文化的多样性、冲突与多元共存［M］．关世杰等译．北京：北京大学出版社，2002．
[22] 傅熹年著．傅熹年建筑史论文集［M］．北京：文物出版社，1998．
[23] 罗哲文著．罗哲文古建筑文集［M］．北京：文物出版社，1998．
[24] 中国文物研究所编．祁英涛古建论文集［M］．北京：华夏出版社，1992．
[25] 马炳坚著．中国古建筑木作营造技术［M］．北京：科学出版社，1995．
[26] 名城研究会主编．中国历史文化名城保护与建设［M］．北京：文物出版社，1987．
[27] （法）H·A·丹纳著．艺术哲学［M］．傅雷译．北京：人民文学出版社，1963．
[28] 中国自然辩证法研究会编．城市发展战略研究[M]．北京：新华出版社，1985．
[29] 徐嵩龄著．第三国策：论中国文化与自然遗产保护［M］．北京：科

学出版社，2005.

[30] 王宏钧主编．中国博物馆学基础［M］．上海：上海古籍出版社，1990.

[31] 张复合主编．中国近代建筑研究与保护（一）［M］．北京：清华大学出版社，1999.

[32] 董鉴泓，阮仪三著．名城鉴赏与保护［M］．上海：同济大学出版社，1999.

[33] C.Minors. Listed Buildings and Conservation Areas［M］. London：Longman，1989.

[34] B.M.Feilden，J.Jokflehto. Management Guidelines for World Cultural Heritage Sites［M］. Rome：ICCROM，1993.

[35] Michael Woods，Mary B.Woods.Ancient Construction［M］. Minneapolis：Runestone Press，2000.

[36] Jukka Jokilebto. A History of Architectural Conservation［M］. Oxford：Butterworth Heinemann，2002.

[37] Patrick Nuttgens. The History of Architecture［M］. second edition. London：Phaidon Press，1997.

[38] Museum Meiji-Mura［Z］. Aichi Japan，2004.

论文：

[1] Bernd von Droste, and Ulf Bertilsson. Authenticity and World Heritage［J］.ICCROM，ICOMOS，1995.

[2] Henry Cleere. The Evaluation of Authenticity in the Context of the World Heritage Convention［J］. ICCROM，ICOMOS，1995.

[3] B · M · 费尔顿．欧洲关于文物建筑保护的观念［J］．世界建筑，1986（3）．

[4] J.Jokilehto. 关于国际文化遗产保护的一些见解 [J] . 世界建筑，1986 (3) .
[5] 徐苹芳 . 论历史文化名城北京的古代城市规划及其保护 [J] . 文物，2001 (1) .
[6] 陈志华 . 欧洲文物建筑保护的几个流派 [M] // 建筑史论文集（第十辑）. 北京：清华大学出版社，1988.
[7] 刘临安 . 近百年意大利历史建筑保护的理论与流派 [J] . 建筑师，1995 (64) .
[8] 尹培桐 . 日本古建筑的保护、利用和更新 [J] . 世界建筑，1993 (2) .
[9] 村松贞次郎 . 近代建筑史的研究方法，近代建筑的保存与再利用 [J] . 世界建筑，1987 (4) .
[10] 苏广平 . 英国的古建筑保护 [J] . 世界建筑，1995 (1) .
[11] 茱迪斯 · 布郎 . 加拿大建筑遗产的保护 [J] . 世界建筑，1986 (3) .
[12] 陈志华 . 谈文物建筑的保护 [J] . 世界建筑，1986 (3) .
[13] 夏祖华 . 澳大利亚城市旧区保护概观[J] 世界建筑,1987(4).
[14] 申予荣 .20 世纪北京城垣的变迁 [M] // 建筑史论文集（第12 辑）. 北京：清华大学出版社，2000.
[15] 王璧文 . 清初太和殿重建工程——故宫建筑历史资料整理之一 [M] // 科技论文集 . 上海：上海科学技术出版社，1988.
[16] 马炳坚 . 谈谈文物古建筑的保护修缮 [M] // 建筑史论文集第 18 辑 . 北京：机械工业出版社，2003.
[17] 付清远 . 文物保护中一项应该引起重视的工作——文物建筑遗存价值的界定和传统建筑材料再生产的规范 [J] . 古建园林技术，2000 (1) .

[18] （芬兰）尤·约奇勒托．文物建筑保护的真实性之争［J］．刘临安译，张似赞校．建筑师，1997（78）．

[19] 陆元鼎，谭刚毅，廖志．广裕祠修复过程——真实性原则的一次实践［N］．中国文物报，2004-04-09．

[20] 汤羽扬，臧尔忠．三峡工程淹没区石宝寨保护方案探讨［J］．建筑师，1997（79）．

[21] 袁建立．现代测试技术在古建筑保护中的应用［J］．古建园林技术，2002（2）．

[22] 赵中枢．中国历史文化名城的特点及保护的若干问题［J］．城市规划，2002，26（7）．

[23] 王景慧．论历史文化遗产保护的层次［J］．规划师，2002，18（6）．

[24] 白云翔．考古发掘与大遗址保护［N］．中国文物报，2002-05-03．

[25] 陈同滨．中国大遗址保护与展示的多学科研究［N］．中国文物报，2002-05-03．

[26] Fergus T. Maclaren，M.E.Des. 亚洲历史城市中心区遗产保护的真实性：在有关现象和成就中的假象［J］．国外城市规划，2001（4）．

[27] Jean Louis Luxen. 历史城市保护与复兴——来自ICOMOS的经验［J］．国外城市规划，2001（4）．

[28] 焦怡雪．英国历史文化遗产保护中的民间团体［J］．规划师，2002，18(5)．

[29] 王世仁．保护文物建筑的可贵实践［J］．世界建筑，1986（3）．

[30] 王林．爱知世博会的新型展示方式［N］．中国文物报，2006-07-21．

[31] 刘晓黎．历史性地段建筑形态的保存与更新［N］．建筑师，1994(57)．

[32] 李燕，司徒尚纪．近年来我国历史文化名城保护研究的进展［J］．新华文摘，2002（1）．

法规、文件：

[1] 中华人民共和国文物保护法（1982年颁布，2002年修订）［S］．

[2] 国际古迹遗址理事会中国国家委员会．中国文物古迹保护准则 [S]，2000.
[3] WHC.Operational Guidelines for the Implementation of the World Heritage Convention [S]，2002.
[4] UNESCO，ICCROM，ICOMOS. The Nara Document on Authenticity [S]，1994.
[5] Hoi An Protocols for Best Conservation Practice in Asia, UNESCO，Issued at the international symposium "Conserving the Past－An Asian Perspective of Authenticity in the Consolidation，Restoration and Reconstruction of Historic Monuments and Sites" [S]，2001.
[6] Australia ICOMOS.The Burra Charter [S]，1999.
[7] ICOMOS,in Mexico. International Cultural Tourism Charter [S]，1999.
[8] ICOM. International Charter for the Conservation and Restoration of Monuments and Sites (The Venice Charter) [S]，1964.
[9] ICOMOS. Charter on the Protection and Management of Underwater Cultural Heritage [S]，1996.
[10] ICOMOS. Charter on the Built Vernacular Heritage [S]，1999.
[11] ICOMOS. Principles for the preservation of historic timber structures [S]，1999.
[12] TICCIH. The Nizhny Tagil Charter for the Industrial Heritage [S]，2003.
[13] 联合国教科文组织．保护非物质文化遗产公约 [S]，2003.
[14] 联合国教科文组织．保护具有历史意义的城市景观宣言 [S]，2005.
[15] 第一届国际历史古迹建筑师及技术专家国际会议．雅典宪章 [S]，

1931.
[16] 欧洲建筑遗产大会．阿姆斯特丹宣言 [S]，1975.
[17] 欧洲建筑遗产大会．建筑遗产欧洲宪章 [S]，1975.
[18] 国际古迹遗址理事会，加拿大法语委员会魁北克古迹遗址理事会．魁北克遗产保护宪章 [S]，1980.
[19] 韩国文化财保护法（修订）[S]，1999.
[20] 国际古迹遗址理事会．佛罗伦萨宪章 [S]，1982.
[21] 欧洲议会．保护考古遗产的欧洲公约 [S]，1969.
[22] 联合国教科文组织．保护世界文化和自然遗产公约 [S]，1972.
[23] 联合国教科文组织．关于历史地区的保护及其当代作用的建议（《内罗毕建议》）[S]，1976.
[24] 世界遗产委员会．实施世界遗产公约操作指南 [S]，1987.
[25] 国际古迹遗址理事会．保护历史城市与城市化地区的宪章（《华盛顿宪章》）[S]，1987.
[26] 联合国教科文组织．关于保护受到公共或私人工程危害的文化财产的建议 [S]，1968.
[27] 联合国教科文组织．关于在国家一级保护文化和自然遗产的建议[S]，1972.
[28] 联合国教科文组织．关于保护景观和遗址风貌与特性的建议 [S]，1962.
[29] 中华人民共和国文物保护法实施细则 [S]，1992.
[30] 关于重点调查、保护优秀近代建筑物的通知 [S]，1988.
[31] 纪念建筑、古建筑、石窟寺等修缮工程管理办法 [S]，1986.
[32] 历史文化名城保护规划编制要求 [S]，1994.
[33] 全国重点文物保护单位保护规划编制要求 [S]，2004.
[34] 河南省文物保护法 [S]，2004.
[35] 陕西省文物保护管理条例 [S]，1995.

[36] 北京历史文化名城保护条例 [S]，2005.
[37] 西安历史文化名城保护条例 [S]，2002.
[38] 上海市历史文化风貌区和优秀历史建筑保护条例 [S]，2002.
[39] 河南省古代大型遗址保护管理暂行规定 [S]，1995.
[40] 上海市优秀近代建筑保护管理办法 [S]，1991.
[41] 国际古迹遗址理事会．西安宣言——保护历史建筑、古遗产和历史地区的环境 [S]，2005.
[42] 长城保护条例 [S]，2006.
[43] 国家考古遗址公园管理办法（试行）[S]，2010.